生物数学中的若干反应扩散模型

韩永杰　著

電子工業出版社
Publishing House of Electronics Industry
北京·BEIJING

内 容 简 介

本书探讨了凯勒–西格尔模型几种变体的一些有趣性质。全书共 7 章，主要内容包括：绪论、预备知识、具有奇异灵敏度和 logistic 源的双物种趋化系统的整体解、具有非线性扩散的双物种趋化系统的整体存在性和有界性、logistic 源对高维趋化系统的整体可解性的影响、带 logistic 源的高维趋化系统的爆破、带小初值解的具有间接信号产生机制的趋化流体系统的整体解。

本书可作为高等院校数学专业高年级本科生或者研究生的教学参考书，也可作为相关领域数学工作者的学习参考书。

图书在版编目（CIP）数据

生物数学中的若干反应扩散模型 / 韩永杰著.
北京 : 电子工业出版社, 2024. 8. -- ISBN 978-7-121-48688-3

Ⅰ. Q-332

中国国家版本馆 CIP 数据核字第 2024PL4729 号

责任编辑：王晓庆
印　　刷：北京虎彩文化传播有限公司
装　　订：北京虎彩文化传播有限公司
出版发行：电子工业出版社
　　　　　北京市海淀区万寿路 173 信箱　邮编：100036
开　　本：720×1000　1/16　印张：7.75　字数：148 千字
版　　次：2024 年 8 月第 1 版
印　　次：2024 年 8 月第 1 次印刷
定　　价：69.00 元

凡所购买电子工业出版社图书有缺损问题，请向购买书店调换。若书店售缺，请与本社发行部联系，联系及邮购电话：（010）88254888，88258888。

质量投诉请发邮件至 zlts@phei.com.cn，盗版侵权举报请发邮件至 dbqq@phei.com.cn。

本书咨询联系方式：（010）88254113，wangxq@phei.com.cn。

前　　言

趋化性是指细胞对外界刺激物质的浓度梯度产生趋向的行为。20 世纪 70 年代初，E. F. Keller 和 L. A. Segel 提出了一个经典而重要的趋化模型，该模型综合了随机扩散和趋化运动的作用，受到了广泛的关注。研究不同趋化反应扩散模型解的性质，对于理解趋化运动在生物系统中所起的作用至关重要。

本书将对几类趋化反应扩散模型解的有界性、爆破性、收敛性和稳定性等进行研究。特别地，我们将讨论：双物种趋化系统的整体解问题；在带 logistic 源的高维趋化模型中，当维数和 logistic 满足什么关系时趋化系统的解才具有整体存在性或者有限时刻爆破性；此外，还讨论具有间接信号产生机制的趋化流体耦合模型解的整体存在性和大时间渐近行为。本书中的许多内容在国内都是首次与广大读者见面。

本书主要面向高等院校数学专业高年级本科生和偏微分方程方向的硕士研究生。本书内容是在作者发表的学术论文的基础上整理完成的。本书由西华大学韩永杰著，在第 3～7 章的撰写过程中得到了黄婷、蒋科、刘梦琦和刘曦的热心帮助，在此表示感谢。此外，特别感谢西华大学王玉兰教授，书中大部分研究成果都是在她的指导和帮助下得到的。本书在撰写和出版过程中，得到了西华大学理学院的大力支持，在此表示衷心的感谢。

由于时间仓促和作者水平有限，书中遗漏和不妥之处在所难免，还望读者批评指正！

著　者

2024 年 7 月

目　录

第1章 绪 论

在生态系统中，细胞、细菌或者生物在受到外界刺激时产生的与该刺激物的分布有关的定向运动称为趋性。当刺激产生的原因是环境中化学物质浓度的变化时，物种所做的定向运动称为趋化性，向化学物质浓度逐渐增大方向运动称为正向趋化，向化学物质浓度逐渐减小方向运动称为负向趋化。趋化现象是一种广泛存在的生物学现象，在 20 世纪初，一些生物学者、医学工作者就开始研究细菌和其他单细胞生物的趋化性。从 20 世纪 50 年代起，学者们开始用数学模型来描述生物趋化现象，其中最著名的趋化模型是 Keller-Segel（凯勒–西格尔）模型，其一般形式如下

$$\begin{cases} n_t = \nabla \cdot [D_n(n,c)\nabla n - \chi(n,c) n \nabla c] + H(n,c) \\ \tau c_t = D_c(n,c)\Delta c + K(n,c) \end{cases} \tag{1.1.1}$$

式中，$\tau \in \mathbb{R}$，$n = n(x,t)$ 表示细胞（细菌）密度，$c = c(x,t)$ 表示化学物质浓度，$D_n(n,c)$ 表示细胞（细菌）扩散系数，$D_c(n,c)$ 表示化学物质扩散系数，$\chi(n,c)$ 表示趋化灵敏度函数，$H(n,c)$ 表示细胞（细菌）的出生和死亡速率，$K(n,c)$ 表示化学物质的产生和消耗速率。公式中的下标 t 参考 1.3 节符号说明中 f_t 的定义，本书余同。此方程组描述了细胞（细菌）和化学物质之间的关系。

特别地，数学工作者更多关注 $D_n(n,c) = D_c(n,c) = 1$ 的模型

$$\begin{cases} n_t = \Delta n - \nabla \cdot [\chi(n,c) n \nabla c] + H(n,c) \\ \tau c_t = \Delta c + K(n,c) \end{cases} \tag{1.1.2}$$

根据不同的生物学现象，数学工作者将实际中的生物问题转换成方程组（1.1.1）的各种变体。半个多世纪以来，关于经典 Keller-Segel 模型及变体的研究一直备受数学工作者的关注，并已取得较大进展。

1.1 趋化方程研究现状

下面介绍几种常见的趋化模型变体。

1.1.1 双物种趋化模型

在自然生态环境中，微生物多物种的混合通常是不完全的，且往往是几乎不存在的，因此化学物质浓度和细胞密度的空间梯度是可能存在的。此外，大量常见的微生物物种是有趋化性的。为了证实趋化性或一般运动性在微生物种群中的作用，以及不同的细菌种群在混合后的存活水平，生物学者做了大量的实验。数学工作者在这些实验和单一物种的趋化模型及其各种变体基础上，开始关注双物种趋化模型

$$\begin{cases} n_t = \Delta n - \nabla \cdot [\chi_1(n,c) n \nabla c] + H_1 \\ v_t = \Delta v - \nabla \cdot [\chi_2(v,c) n \nabla c] + H_2 \\ c_t = \Delta c + K(n,v,c) \end{cases} \tag{1.1.3}$$

式中，$n = n(x,t)$ 和 $v = v(x,t)$ 分别表示两个物种的物种密度，$c = c(x,t)$ 表示化学物质浓度，$\chi_1(n,c)$ 和 $\chi_2(v,c)$ 分别表示物种 n 和 v 的趋化灵敏度函数，H_1 和 H_2 分别表示物种 n 和 v 的出生和死亡速率，$K(n,v,c)$ 表示化学物质的产生和消耗速率。当 $H_1 = H_1(n,c)$ 、$H_2 = H_2(v,c)$ 时，表示物种 n 和 v 没有竞争关系，当 $H_1 = H_1(n,v,c)$ 、$H_2 = H_2(n,v,c)$ 时，表示物种 n 和 v 存在竞争关系。

1.1.2 具有间接信号产生机制的趋化模型

在有些生物环境中，化学信号不是由细胞直接产生的，而是由第三方信号间接产生的。最初生物工作者在研究如何在森林中防治松林甲虫时发现：筑巢松林甲虫会释放松林甲虫信息素，松林甲虫信息素会召集飞行松

林甲虫进行筑巢行动，并据此使用带有趋化性的反应扩散方程来模拟飞行松林甲虫、松林甲虫信息素和筑巢松林甲虫之间的相互作用。进一步地，数学工作者提出了一类更一般的具有间接信号产生机制的趋化模型

$$\begin{cases} n_t = \Delta n - \nabla \cdot [n\chi(n,c,w)\nabla c] \\ \tau_1 c_t = \Delta c - K_1(c,w) \\ \tau_2 w_t = \Delta w + K_2(n,w) \end{cases} \tag{1.1.4}$$

式中，$n = n(x,t)$ 代表物种密度，$c = c(x,t)$ 和 $w = w(x,t)$ 分别代表两种不同的化学信号浓度，常数 $\tau_1, \tau_2 > 0$，$\chi(n,c,w)$ 代表物种 n 对两种化学信号的趋化灵敏度函数，$K_1(c,w)$ 代表化学信号 c 的产生和消耗速率，$K_2(n,w)$ 代表化学信号 n 的产生和消耗速率。这种机制与模型（1.1.1）或模型（1.1.3）中的直接信号产生机制有所不同，在这种间接信号产生机制中，细胞先产生第二种化学信号 w，w 再促进第一种化学信号 c 的产生。

1.1.3 趋化流体模型

在枯草芽孢杆菌悬浮在水中的实验中，细菌的运动不仅与细菌的自由扩散和趋化性有关，还与流体对细菌动力学行为产生的影响有关，而且这种影响是双向的：一方面，流体的流动对细菌和化学物质具有传输作用；另一方面，细菌自身的运动也扰动了流体环境。在流体力学中，Navier-Stokes（纳维–斯托克斯）方程是用来描述流体运动的著名方程。将 Keller-Segel 方程与 Navier-Stokes 方程耦合在一起可得到趋化流体模型

$$\begin{cases} n_t + u \cdot \nabla n = \Delta n - \nabla \cdot [n\chi(n,c)\nabla c] + H(n,c) \\ c_t + u \cdot \nabla c = \Delta c - K(n,c) \\ u_t + \kappa(u \cdot \nabla)u = \Delta u + \nabla P + n\nabla\phi \\ \nabla \cdot u = 0 \end{cases} \tag{1.1.5}$$

式中，$n = n(x,t)$ 代表细菌密度，$c = c(x,t)$ 代表化学信号浓度，$K(n,c)$ 代表化学信号的产生和消耗速率，$u = u(x,t)$ 和 P 分别表示流体速度场和相应的压力，参数 κ（$\kappa \in \mathbb{R}$）与流体对流的强度有关，ϕ 是已知的重力势函数。与模型（1.1.2）相比，模型（1.1.5）中第一个和第二个方程等号左边分别增加了

运输项$u\cdot\nabla n$和$u\cdot\nabla c$，建立了细菌密度、化学信号浓度分别与流体的流速之间的耦合关系；模型（1.1.5）中的第三个方程是一个标准的Navier-Stokes方程。

因为 Navier-Stokes 方程解的适定性是一个世界性的难题，而经典 Keller-Segel 模型及其变体的研究理论也不够完善，所以研究趋化流体模型将面临更多的难题。在合理地对区域、空间维数等条件增加限制后，也获得了一系列研究结果。

1.2 章节组织

全书共 7 章。

第 1 章为绪论。

第 2 章主要介绍后面各章要用到的预备知识，主要包括常用的函数空间、不等式和定理。

第 3 章和第 4 章主要讨论双物种趋化方程组的初边值问题。在第 3 章中，采用的方法是将奇异灵敏度函数转换成不具奇异灵敏度的函数，结合对$\frac{\mathrm{d}}{\mathrm{d}t}\int_\Omega n^p c^q \mathrm{d}x$和$\frac{\mathrm{d}}{\mathrm{d}t}\int_\Omega v^p c^q \mathrm{d}x$的估计，最终得到具有奇异灵敏度的双物种趋化方程组整体经典解的存在唯一性。在第 4 章中，首先讨论非线性扩散双物种趋化方程组的正则化问题经典解的整体存在性，然后通过极限运算得到此经典解的极限，即原问题的整体弱解。

第 5 章和第 6 章主要讨论带 logistic 源的趋化方程组解的性质。在第 5 章中，应用能量不等式方法，对维数和 logistic 源项的次数做适当限制后，可以得到带 logistic 源的耗氧型趋化方程组的弱解是整体存在的。在第 6 章中，将方程组中的两个方程转换成一个方程，通过研究此方程解的性质，适当限制空间维数和 logistic 源项的次数，可以得到带 logistic 源的抛物–椭圆型趋化方程组的解在有限时刻发生爆破。

第 7 章主要通过讨论泛函$-\int_\Omega \ln(n_\varepsilon+1)\mathrm{d}x+\frac{C_1(m_0)}{2}\int_\Omega c_\varepsilon^2\mathrm{d}x+\frac{C_1(m_0)}{8}\int_\Omega w_\varepsilon^2\mathrm{d}x$的性质，得到具有间接信号产生机制的趋化流体方程组的整体广义解的存

在性，并得到整体广义解的最终光滑性和稳定性。

1.3 符号说明

符　号	说　明
$\mathbb{R}^N$	N 维欧氏空间，$\mathbb{R}^1=\mathbb{R}$
$\mathbb{N}$	$\{0,1,2,\cdots\}$
∞	正无穷大
Ω	$\mathbb{R}^N$ 中的集合
$\partial\Omega$	Ω 的边界，且 $\overline{\Omega}=\Omega\cup\partial\Omega$
$\boldsymbol{\upsilon}$	边界 $\partial\Omega$ 上的单位外法向量
$\|\Omega\|$	集合 Ω 的 Lebesgue（勒贝格）测度
Q_T	$\Omega\times(0,T)$
$(a)_+$，$(a)_-$	$\max\{a,0\}$，$\max\{-a,0\}$
B_R	球心在原点、半径为 R 的开球
f_t	$f_t=\dfrac{\partial f(x,t)}{\partial t}$
f_r	$f_r=\dfrac{\partial f(r,t)}{\partial r}$
∂^α	$\partial^\alpha=\dfrac{\partial^{\|\alpha\|}}{\partial_{x_1}^{\alpha_1}\cdots\partial_{x_N}^{\alpha_N}},\alpha=(\alpha_1,\cdots,\alpha_N),\|\alpha\|=\sum_{i=1}^N\alpha_i$
∂_t^r	关于变量 t 的 r 阶偏导数
D^2f	Hessian（海森）矩阵
C，C_i，$\overline{C}_i$，$i=1,2,\cdots$	在不同位置表示不同的正常数
$C(\alpha,\beta,\cdots)$	与 α，β，$\cdots$等变量有关的正常数
X^*	X 的拓扑共轭空间

第2章　预备知识

本章主要介绍后面章节将要用到的一些知识，包括常见的函数空间、不等式和定理。

2.1　函数空间及其性质

2.1.1　一般函数空间

令$k\in\mathbb{N}$，$0\leqslant|\alpha|\leqslant k$。记$C^k(\Omega)=\{u:\Omega\to\mathbb{R}\mid$在$\Omega$上，$\partial^\alpha u$存在且连续$\}$，$C^\infty(\Omega):=\bigcap_{k=0}^{\infty}C^k(\Omega)$称为光滑函数空间。

令$k\in\mathbb{N}\cup\{\infty\}$，记$C_0^k(\Omega)=\{u\in C^k(\Omega)\mid \operatorname{supp}u$是$\Omega$的紧子集$\}$，显然$u\in C_0^k(\Omega)$表示在$\Omega$的某个紧子集外，$u=0$。

令$k\in\mathbb{N}\cup\{\infty\}$，记$C^k(\overline{\Omega})=\{u|_{\overline{\Omega}}\mid u\in C^k(\mathbb{R}^N)$且$\sup\limits_{|\alpha|\leqslant k,x\in\mathbb{R}^N}\left|\partial^\alpha u(x)\right|<\infty\}$，$C^\infty(\overline{\Omega}):=\bigcap_{k=0}^{\infty}C^k(\overline{\Omega})$。

令$0<\gamma\leqslant 1$，记$C^\gamma(\overline{\Omega})=\{u:\Omega\to\mathbb{R}\mid u$在$\Omega$上连续且有界，且$\|u\|_{C^\gamma(\overline{\Omega})}<\infty\}$，其中$\|u\|_{C^\gamma(\overline{\Omega})}:=\sup\limits_{\substack{x,y\in\Omega\\x\neq y}}\left\{\dfrac{|u(x)-u(y)|}{|x-y|^\gamma}\right\}+\sup\limits_{x\in\Omega}|u(x)|$。

令$k\in\mathbb{N}$，$0<\gamma\leqslant 1$。记$C^{k+\gamma}(\overline{\Omega})=\{u:\Omega\to\mathbb{R}\mid\partial^\alpha u\in C^\gamma(\overline{\Omega})$，$|\alpha|\leqslant k\}$。若对任意的紧集$K\subset\Omega$，都有$u\in C^{k+\gamma}(K)$，则$u\in C^{k+\gamma}(\Omega)$。

令$1\leqslant p<\infty$，记$L^p(\Omega)=\{u:\Omega\to\mathbb{R}\mid u$是勒贝格可测函数，且$\|u\|_{L^p(\Omega)}<\infty\}$，其中$\|u\|_{L^p(\Omega)}=\left(\int_\Omega|f|^p\,\mathrm{d}x\right)^{\frac{1}{p}}$。

记 $L^{\infty}(\Omega)=\{u:\Omega\to\mathbb{R}\,|\,u$ 是勒贝格可测函数，且 $\|u\|_{L^{\infty}(\Omega)}<\infty\}$，其中 $\|u\|_{L^{\infty}(\Omega)}=\operatorname*{ess\,sup}_{x\in\Omega}|u|$。

令 $1\leqslant p\leqslant\infty$，记 $L^p_{\text{loc}}(\Omega)=\{u\in L^p(B)\,|\,B$ 是 Ω 中的任意开球，且 $\overline{B}\subset\Omega\}$，$L^p_{\text{loc}}(\overline{\Omega})=\{u\in L^p(B\cap\Omega)\,|\,B$ 是 $\mathbb{R}^N$ 中的任意开球，且 $B\cap\Omega\neq\varnothing\}$。

令 $k\in\mathbb{N}$，$1\leqslant p\leqslant\infty$，记 $W^{k,p}(\Omega)=\{u\,|\,\partial^{\alpha}u\in L^p(\Omega),\ |\alpha|\leqslant k\}$。在 $W^{k,p}(\Omega)$ 中，记 $W_0^{k,p}(\Omega)=\overline{C_0^{\infty}(\Omega)}$。

令 $N>1$，$u:\Omega\to\mathbb{R}^N$，$u=(u^1,\cdots,u^N)$，$\alpha=(\alpha_1,\alpha_2,\cdots,\alpha_N)$，$\alpha_i\in\mathbb{N}$，定义 $\partial^{\alpha}u=(\partial^{\alpha_1}u^1,\cdots,\partial^{\alpha_N}u^N)$，记 $C(\Omega;\mathbb{R}^N)=\{u=(u^1,u^2,\cdots,u^N)\,|\,u^i\in C(\Omega),\ i=1,2,\cdots,N\}$，类似可以定义 $L^p(\Omega;\mathbb{R}^N)$、$W^{k,p}(\Omega;\mathbb{R}^N)$ 等。

2.1.2 t 向异性函数空间

设 $u(x,t)$ 是定义在 Q_T 上的函数，$0<\gamma<1$，记 $C^{\gamma,\frac{\gamma}{2}}(\overline{Q}_T)=\left\{u\,|\,\|u\|_{C^{\gamma,\frac{\gamma}{2}}(Q_T)}<\infty\right\}$，其中

$$\|u\|_{C^{\gamma,\frac{\gamma}{2}}(Q_T)}=\sup_{(x,t)\in Q_T}|u(x,t)|+\sup_{(x,t),(y,s)\in Q_T}\frac{|u(x,t)-u(y,s)|}{(|x-y|^2+|t-s|)^{\frac{\gamma}{2}}}$$

设 $k\in\mathbb{N}$，记 $C^{2k+\gamma,k+\frac{\gamma}{2}}(\overline{Q}_T)=\left\{u\,|\,\partial^{\alpha}\partial_t^r u\in C^{\gamma,\frac{\gamma}{2}}(\overline{Q}_T),|\alpha|+2r\leqslant 2k\right\}$。

设 $k\in\mathbb{N}$，$1\leqslant p<\infty$。记 $W_p^{2k,k}(Q_T)=\{u\,|\,\partial^{\alpha}\partial_t^r u\in L^p(Q_T)$，$|\alpha|+2r\leqslant 2k$，$\|u\|_{W_p^{2k,k}(Q_T)}<\infty\}$，其中

$$\|u\|_{W_p^{2k,k}(Q_T)}=\sum_{|\alpha|+2r\leqslant 2k}\left\|\partial^{\alpha}\partial_t^r u\right\|_{L^p(Q_T)}$$

2.1.3 嵌入定理

嵌入定理 设 $\Omega\subset\mathbb{R}^N$ 为一有界区域，$1\leqslant p\leqslant\infty$。

（1）若 Ω 满足一致内锥条件，则当 $kp=N$ 时，有

$$W^{k,p}(\Omega)\subset L^q(\Omega),\quad 1\leqslant q<\infty$$

当 $kp<N$ 时，有

$$W^{k,p}(\Omega) \subset L^q(\Omega)\text{，}\ 1 \leqslant q \leqslant p^* = \frac{Np}{N-kp}$$

（2） 若$\partial\Omega$适当光滑，则当$kp > N$时，有

$$W^{1,p}(\Omega) \subset C^\alpha(\bar{\Omega})\text{，}\ 0 < \alpha \leqslant 1 - \frac{N}{kp}$$

紧嵌入定理 设$\Omega \subset \mathbb{R}^N$为一有界区域，$1 \leqslant p \leqslant \infty$。

（1）若Ω满足一致内锥条件，则当$kp \leqslant N$时，下列嵌入是紧的

$$W^{k\cdot p}(\Omega) \subset L^q(\Omega)\text{，}\ 1 \leqslant q \leqslant \frac{Np}{N-kp}\text{，}\ kp < N$$

$$W^{k,p}(\Omega) \subset L^q(\Omega)\text{，}\ 1 \leqslant q < \infty\text{，}\ kp = N$$

（2）若$\partial\Omega$适当光滑，则当$kp > N$时，下列嵌入是紧的

$$W^{k,p}(\Omega) \subset C^\alpha(\bar{\Omega})\text{，}\ 0 < \alpha \leqslant 1 - \frac{N}{kp}$$

注：以上紧嵌入定理对$W_0^{k,p}(\Omega)$同样成立。

***t*向异性嵌入定理** 设$\Omega \subset \mathbb{R}^N$为一有界区域，$1 \leqslant p < \infty$。

（1）若Ω满足一致内锥条件，则当$kp = (N+2)/2$时，有

$$W_p^{2k,k}(Q_T) \subset L^q(Q_T)\text{，}\ 1 \leqslant q < \infty$$

当$kp < (N+2)/2$时，有

$$W_p^{2k,k}(Q_T) \subset L^q(Q_T)\text{，}\ 1 \leqslant q \leqslant \frac{(n+2)p}{n+2-2kp}$$

（2）若$\partial\Omega$适当光滑，则当$kp > (N+2)/2$时，有

$$W_p^{2k,k}(Q_T) \subset C^{\alpha,\frac{\alpha}{2}}(\bar{Q}_T)\text{，}\ 0 < \alpha \leqslant 2 - \frac{n+2}{kp}$$

2.1.4 抽象函数空间

设$(X,\|\cdot\|_X)$是赋范线性空间，$I \subset \mathbb{R}$是开区间，$u: I \to X$。令$1 \leqslant p < \infty$，记$L^p(I;X) = \{u \mid u$ 是可测函数，$\|u\|_{L^p(I;X)} = \left(\int_I \|u\|_X^p\right)^{1/p} < \infty$ 且$\|u\|_X^p$在I上可积$\}$；$L^\infty(I;X) = \{u \mid u$ 可测且几乎处处有界，$\|u\|_{L^\infty(I;X)} =$

$\operatorname*{ess\,sup}_{t\in I}\|u\|_X<\infty\}$。

设 I 有界，$1\leqslant q\leqslant p\leqslant\infty$，则 $L^p(I;X)$ 嵌入 $L^q(I;X)$。

设 $1\leqslant p<\infty$，$p'=\dfrac{p}{p-1}$，X 是自反的或 X^* 是可分的，则 $(L^p(I;X))^*=L^{p'}(I;X^*)$。

设 $1\leqslant p\leqslant\infty$，记 $L^p_{\mathrm{loc}}(I;X)=\{u:I\to X|$ 对任意紧集 $J\subset I$，$u|_J\in L^p(J;X)\}$。

记 $W^{1,p}(I;X)=\{u\,|\,u,\ u'\in L^p(I;X)\}$，其中 $u'(t)=\lim\limits_{\Delta t\to 0}\dfrac{u(t+\Delta t)-u(t)}{\Delta t}$。

2.2 常用的不等式

Hölder（霍德尔）不等式：设 $p>1$，$q>1$，且 $\dfrac{1}{p}+\dfrac{1}{q}=1$，则对 $u\in L^p(\Omega)$ 和 $v\in L^q(\Omega)$，有

$$\|uv\|_{L^1(\Omega)}\leqslant\|u\|_{L^p(\Omega)}\|v\|_{L^q(\Omega)}$$

Bernoulli（伯努利）不等式：令 $a,b>0$，$\rho>\nu\geqslant 0$。设函数 $y:[0,T)\to[0,\infty)$ 在 $(0,T)$ 上可微，其中 $0<T\leqslant\infty$，且对任意 $t\in(0,T)$ 满足

$$y'(t)\leqslant ay^{\nu}(t)-by^{\rho}(t)$$

则

$$\sup_{t\in[0,T)}\{y(t)\}\leqslant\max\left\{y(0),\ \left(\frac{a}{b}\right)^{\frac{1}{\rho-\nu}}\right\}$$

特别地，若 $T=\infty$，则

$$\limsup_{t\to\infty}y(t)\leqslant\left(\frac{a}{b}\right)^{\frac{1}{\rho-\nu}}$$

Young（杨）不等式：设 $1<p$，$q<\infty$，且 $\dfrac{1}{p}+\dfrac{1}{q}=1$，那么对任意的 $a>0$，$b>0$，有

$$ab<\frac{a^p}{p}+\frac{b^q}{q}$$

更一般地，设$1<p$，$q<\infty$，$\frac{1}{p}+\frac{1}{q}=1$，那么对任意的$a>0$，$b>0$，存在$\varepsilon>0$和$C(\varepsilon)=(\varepsilon p)^{-\frac{q}{p}}q^{-1}$，使得

$$ab<\varepsilon a^{p}+C(\varepsilon)b^{q}$$

Gagliardo-Nirenberg（加利亚尔多–尼伦伯格）插值不等式：设$1<p,q,r<\infty$和$m,j\in\mathbb{N}$，m,j,α满足

$$\frac{1}{p}-\frac{j}{N}=\alpha\left(\frac{1}{r}-\frac{m}{N}\right)+\frac{1-\alpha}{q}，\quad \frac{j}{m}\leqslant\alpha\leqslant 1$$

则存在常数$C>0$，使得

$$\left\|D^{j}u\right\|_{L^{p}(\Omega)}\leqslant C\left(\left\|D^{m}u\right\|_{L^{r}(\Omega)}^{\alpha}\left\|u\right\|_{L^{q}(\Omega)}^{1-\alpha}+\left\|u\right\|_{L^{s}(\Omega)}\right)$$

其中s是任意非负常数。

Poincaré（庞加莱）不等式：设$1\leqslant p<\infty$，$\Omega\subset\mathbb{R}^{N}$是有界区域，实值函数$u\in W_{0}^{1,p}(\Omega)$，则存在常数$C(N,p,\Omega)>0$，使得

$$\left\|u\right\|_{L^{p}(\Omega)}\leqslant C(N,p,\Omega)\left\|\nabla u\right\|_{L^{p}(\Omega)}$$

若$\partial\Omega$满足局部 Lipschitz（李普希兹）条件，$u\in W^{1,p}(\Omega)$，则存在常数$C(N,p,\Omega)>0$，有

$$\int_{\Omega}\left|u-u_{\Omega}\right|^{p}\mathrm{d}x\leqslant C\int_{\Omega}\left|\nabla u\right|^{p}\mathrm{d}x$$

其中$u_{\Omega}=\frac{1}{|\Omega|}\int_{\Omega}u(x)\mathrm{d}x$。

积分 Gronwall（格朗瓦尔）不等式：设u是$[0,T]$上的非负可积函数，且对几乎所有的$t\in[0,T]$，存在常数$C_1,C_2>0$使得$u(t)\leqslant C_1\int_0^t u(s)\mathrm{d}s+C_2$，则对几乎所有的$t\in[0,T]$，有

$$u(t)\leqslant C_2(1+C_1 t\mathrm{e}^{C_1 t})$$

微分 Gronwall（格朗瓦尔）不等式：假设$\eta(t)$在$[0,T]$上是一个绝对连续的非负函数，且对几乎所有的t满足

$$\eta'(t)\leqslant\phi(t)\eta(t)+\psi(t)$$

其中$\phi(t)$和$\psi(t)$在$[0,T]$上都是非负可积函数，则对所有$t\in[0,T]$，有

$$\eta(t) \leqslant e^{\int_0^t \phi(s)ds}\left[\eta(0)+\int_0^t \psi(s)ds\right]$$

2.3 相关的定理

比较定理：令 $\Omega \subseteq \mathbb{R}^N$ 是具有光滑边界的有界区域，$T>0$，$f \in C^0(\bar{\Omega} \times [0,T) \times \mathbb{R})$ 满足局部 Lipschitz（李普希兹）条件：对任意紧集 $K \subseteq \mathbb{R}$，存在和 K 有关的常数 $C>0$，使得对任意 $x \in \bar{\Omega}$，$t \in [0,T)$，$u,v \in K$

$$|f(x,t,u)-f(x,t,v)| \leqslant C|u-v|$$

成立。进一步地，令 $b \in C^1(\bar{\Omega} \times (0,T), \mathbb{R}^n) \cap L^\infty_{\mathrm{loc}}(\bar{\Omega} \times [0,T), \mathbb{R}^n)$ 满足：在 $\partial\Omega \times (0,T)$ 上，$b=v=0$。若 $\bar{u}$ 和 $\underline{u}$ 分别是下面方程的上解和下解

$$u_t = \Delta u + \nabla \cdot [b(x,t)u(x,t)] + f[x,t,u(x,t)], \quad x \in \Omega, t \in (0,T)$$

且当 $(x,t) \in \Omega \times (0,T)$ 时满足

$$\bar{u}_t \geqslant \Delta \bar{u} + \nabla \cdot [b(x,t)\bar{u}(x,t)] + f[x,t,\bar{u}(x,t)]$$
$$\underline{u}_t \leqslant \Delta \underline{u} + \nabla \cdot [b(x,t)\underline{u}(x,t)] + f[x,t,\underline{u}(x,t)]$$

且 $\partial\Omega \times (0,T)$ 满足 $\partial_v \bar{u} \geqslant \partial_v \underline{u}$，在 $x \in \Omega$ 时满足 $\bar{u}(x,0) \geqslant \underline{u}(x,0)$，则在 $\Omega \times [0,T)$ 上成立

$$\bar{u}(x,t) \geqslant \underline{u}(x,t)$$

Aubin-Lions（奥宾-利翁斯）引理：设 X_0、X、X_1 是三个 Banach（巴拿赫）空间，X_0、X_1 是自反的，且 $X_0 \subseteq X \subseteq X_1$。若 X_0 紧嵌入 X，X 连续嵌入 X_1，则对固定的 $T>0$，$1 \leqslant p$，$q<\infty$，空间

$$W = \{u \in L^p([0,T];X_0) \mid u_t \in L^q([0,T];X_1)\}$$

紧嵌入 $L^p([0,T];X)$。

Vitali（维塔利）收敛定理：设 $1 \leqslant p < \infty$，$\{f_n\}_{n\in\mathbb{N}}$ 是 $L^p(\Omega)$ 中的一函数列，假设：

（1）对任意 $\varepsilon>0$，任意 $n \in \mathbb{N}$，存在 $\delta>0$，使得对任意满足 $|A|<\delta$ 的可测集 $A \subset \Omega$，都有 $\int_A |f_n|^p \mathrm{d}x < \varepsilon$；

（2）$f_n \to f$ 几乎处处成立；

则 $f \in L^p(\Omega)$，且在 $L^p(\Omega)$ 中 $f_n \to f$。

Neumann（诺依曼）热半群性质： 设 $(\mathrm{e}^{t\Delta})_{t\geqslant 0}$ 是区域 Ω 上的 Neumann 热半群，$\lambda_1 > 0$ 是算子 $-\Delta$ 在 Neumann 边值条件下的第一个非零的特征值，N 表示空间维数。那么存在只与区域 Ω 相关的常数 $C_1, C_2, C_3, C_4 > 0$，使得：

（1）如果 $1 \leqslant q \leqslant p \leqslant \infty$，$z \in L^q(\Omega)$ 且满足 $\int_\Omega z\mathrm{d}x = 0$，则对任意的 $t > 0$，有

$$\left\|\mathrm{e}^{t\Delta} z\right\|_{L^p(\Omega)} \leqslant C_1\left(1+t^{-\frac{N}{2}\left(\frac{1}{q}-\frac{1}{p}\right)}\right)\mathrm{e}^{-\lambda_1 t}\|z\|_{L^q(\Omega)}$$

（2）如果 $1 \leqslant q \leqslant p \leqslant \infty$，$z \in L^q(\Omega)$，则对任意的 $t > 0$，有

$$\left\|\nabla \mathrm{e}^{t\Delta} z\right\|_{L^p(\Omega)} \leqslant C_2\left(1+t^{-\frac{1}{2}-\frac{N}{2}\left(\frac{1}{q}-\frac{1}{p}\right)}\right)\mathrm{e}^{-\lambda_1 t}\|z\|_{L^q(\Omega)}$$

（3）如果 $2 \leqslant q \leqslant p < \infty$，$z \in W^{1,q}(\Omega)$，则对任意的 $t > 0$，有

$$\left\|\nabla \mathrm{e}^{t\Delta} z\right\|_{L^p(\Omega)} \leqslant C_3\left(1+t^{-\frac{N}{2}\left(\frac{1}{q}-\frac{1}{p}\right)}\right)\mathrm{e}^{-\lambda_1 t}\|\nabla z\|_{L^q(\Omega)}$$

（4）如果 $1 \leqslant q \leqslant p \leqslant \infty$，$z \in (L^q(\Omega))^N$，则对任意的 $t > 0$，有

$$\left\|\mathrm{e}^{t\Delta} \nabla \cdot z\right\|_{L^p(\Omega)} \leqslant C_4\left(1+t^{-\frac{1}{2}-\frac{N}{2}\left(\frac{1}{q}-\frac{1}{p}\right)}\right)\mathrm{e}^{-\lambda_1 t}\|z\|_{L^q(\Omega)}$$

Arzela-Ascoli（阿尔泽拉–阿斯科利）定理： 为了使 $F \subset C(\Omega)$ 是一个列紧集，必须且仅须 F 是一致有界且等度连续的函数族。

第 3 章　具有奇异灵敏度和 logistic 源的双物种趋化系统的整体解

3.1　引言

在模型（1.1.3）中，令趋化灵敏度函数、物种的出生和死亡速率分别满足 $\chi_1(n,c)=\phi_1(c)$， $\chi_2(v,c)=\phi_2(c)$， $\phi_i\in C^{1+\theta}([0,\infty))\cap L^1(0,\infty)$， $0<\theta<1$， $\phi_i>0$（$i=1,2$）， $H_1(n,c)=\mu_1 n(1-n)$， $H_2(v,c)=\mu_2 v(1-v)$， $\mu_i>0$（$i=1,2$）。学者研究了下面趋化模型的初边值问题的解的情况

$$\begin{cases} n_t=\Delta n-\nabla\cdot[n\phi_1(c)\nabla c]+\mu_1 n(1-n), & x\in\Omega,t>0\\ v_t=\Delta v-\nabla\cdot[v\phi_2(c)\nabla c]+\mu_2 v(1-v), & x\in\Omega,t>0\\ c_t=d\Delta c+K(n,v,c), & x\in\Omega,t>0\\ \dfrac{\partial n}{\partial \upsilon}=\dfrac{\partial v}{\partial \upsilon}=\dfrac{\partial c}{\partial \upsilon}=0, & x\in\partial\Omega,t>0\\ n(x,0)=n_0(x),\ v(x,0)=v_0(x),\ c(x,0)=c_0(x), & x\in\Omega \end{cases} \tag{3.1.1}$$

式中， $n=n(x,t)$ 和 $v=v(x,t)$ 代表物种密度， $c=c(x,t)$ 代表化学物质浓度， υ 代表边界上的单位外法向量。当 $d\geqslant 0$， $\phi_i(c)>0$（$i=1,2$）和 $K(n,v,c)$ 满足一定条件时，方程组（3.1.1）的经典解 (n,v,c) 是整体存在的，并且是一致有界的[1]。

当 $\mu_1=\mu_2=0$， $d=1$， $K(n,v,c)=-\beta c+\alpha_1 n+\alpha_2 v$（$\alpha_1,\alpha_2,\beta>0$）， $\phi_1,\phi_2>0$ 且为常数时，若 $\Omega\subset\mathbb{R}^N$（$N\geqslant 3$）是一个球，对任意 $m_1,m_2>0$，存在径向对称的初始值 $(n_0,v_0,c_0)\in(C^0(\Omega))^2\times W^{1,\infty}(\Omega)$ 且 $\int_\Omega n_0\mathrm{d}x=m_1>0$， $\int_\Omega v_0\mathrm{d}x=m_2>0$，使得方程组（3.1.1）的解在有限时刻发生爆破[2]。在球 $B_R\subset\mathbb{R}^2$ 区域，当径向对称函数的初始值满足一定条件时，存在两个物种同时爆破的情况[3]。

本章考虑具有奇异灵敏度的双物种趋化模型的初边值问题

$$\begin{cases} n_t = \Delta n - \chi_1 \nabla \cdot \left(\dfrac{n}{c} \nabla c \right) + \mu_1 n - \mu_1 n^{\alpha}, & x \in \Omega,\ t > 0 \\ v_t = \Delta v - \chi_2 \nabla \cdot \left(\dfrac{v}{c} \nabla c \right) + \mu_2 v - \mu_2 v^{\beta}, & x \in \Omega,\ t > 0 \\ c_t = \Delta c - (n+v)c, & x \in \Omega,\ t > 0 \\ \dfrac{\partial n}{\partial \boldsymbol{\upsilon}} = \dfrac{\partial v}{\partial \boldsymbol{\upsilon}} = \dfrac{\partial c}{\partial \boldsymbol{\upsilon}}, & x \in \partial\Omega,\ t > 0 \\ n(x,0) = n_0(x),\ v(x,0) = v_0(x),\ c(x,0) = c_0(x), & x \in \Omega \end{cases} \tag{3.1.2}$$

其中常数 $\chi_i > 0$，$\mu_i > 0$（$i = 1,2$），$\alpha,\ \beta > 1$，考虑在满足初值条件

$$\begin{cases} n_0 \in C^0(\bar{\Omega}), & n_0 \geqslant 0,\ u_0 \not\equiv 0,\ x \in \bar{\Omega} \\ v_0 \in C^0(\bar{\Omega}), & v_0 \geqslant 0,\ v_0 \not\equiv 0,\ x \in \bar{\Omega} \\ c_0 \in W^{1,\infty}(\Omega), & c_0 \geqslant 0,\ c_0 \not\equiv 0,\ x \in \bar{\Omega} \end{cases} \tag{3.1.3}$$

时整体解的存在性问题。

为了得到想要的结果，首先引入函数 $z := \ln\left(\dfrac{c}{\|c_0\|_{L^{\infty}(\Omega)}} \right)$，将模型（3.1.2）变成不具有奇性的方程组，然后通过一系列先验估计、不等式估计等，得到当 $p \geqslant 1$ 且 $p > \dfrac{N}{2}$ 时 $\|n\|_{L^p(\Omega)}$ 和 $\|v\|_{L^p(\Omega)}$ 的有界性估计。

3.2 预备知识

首先证明初边值问题（3.1.2）经典解的局部存在性定理。

引理 3.2.1 设 $\Omega \subset \mathbb{R}^N$ 是具有光滑边界的有界区域，$q > N$，n_0, v_0, c_0 满足初值条件（3.1.3），则存在 $T_{\max} \in (0, \infty]$，使得初边值问题（3.1.2）存在局部经典解 $n(x,t) > 0$，$v(x,t) > 0$，$c(x,t) > 0$，$(x,t) \in \bar{\Omega} \times (0, T_{\max})$，且满足

$$\begin{cases} n \in C^0(\bar{\Omega} \times [0, T_{\max})) \cap C^{2,1}(\bar{\Omega} \times (0, T_{\max})) \\ v \in C^0(\bar{\Omega} \times [0, T_{\max})) \cap C^{2,1}(\bar{\Omega} \times (0, T_{\max})) \\ c \in C^0(\bar{\Omega} \times [0, T_{\max})) \cap C^{2,1}(\bar{\Omega} \times (0, T_{\max})) \cap L^{\infty}_{\mathrm{loc}}([0, T_{\max}); W^{1,q}(\Omega)) \end{cases}$$

特别地，如果 $T_{\max}<\infty$，则当 $t\to T_{\max}$ 时

$$\|n(\cdot,t)\|_{L^\infty(\Omega)}+\|v(\cdot,t)\|_{L^\infty(\Omega)}+\|c(\cdot,t)\|_{W^{1,q}(\Omega)}\to\infty$$

引理 3.2.2 设初值条件（3.1.3）成立，则存在常数 $m>0$，使得对任意 $t\in(0,T_{\max})$，有

$$\|n(\cdot,t)\|_{L^1(\Omega)}\leqslant m,\ \|v(\cdot,t)\|_{L^1(\Omega)}\leqslant m \tag{3.2.1}$$

证明 对初边值问题（3.1.2）第一个方程左右两边同时关于空间变量积分，然后应用 Hölder（霍德尔）不等式，对任意 $t\in(0,T_{\max})$，有

$$\begin{aligned}\frac{\mathrm{d}}{\mathrm{d}t}\int_\Omega n\mathrm{d}x&=\mu_1\int_\Omega n\mathrm{d}x-\mu_1\int_\Omega n^\alpha\mathrm{d}x\\&\leqslant\mu_1\int_\Omega n\mathrm{d}x-\frac{\mu_1}{|\Omega|^{\alpha-1}}\left(\int_\Omega n\mathrm{d}x\right)^\alpha\end{aligned}$$

由 Bernoulli（伯努利）不等式有 $\|n(\cdot,t)\|_{L^1(\Omega)}\leqslant\max\{n_0,|\Omega|\}$。

同理可得 $\|v(\cdot,t)\|_{L^1(\Omega)}\leqslant\max\{v_0,|\Omega|\}$。 □

令 $m=\max\{n_0,v_0,|\Omega|\}$，即可得结论。

引理 3.2.3 令 $p\in[1,\infty)$，对任意 $t\in[0,T_{\max})$，定义单调递减映射：$t\mapsto\|c(\cdot,t)\|^p_{L^p(\Omega)}$。特别地，有 $\|c(\cdot,t)\|_{L^p(\Omega)}\leqslant\|c_0\|_{L^p(\Omega)}$。

证明 对方程组（3.1.2）的第三个方程左右两边同时乘以 pc^{p-1}，然后关于空间变量积分，有

$$\begin{aligned}\frac{\mathrm{d}}{\mathrm{d}t}\int_\Omega c^p\mathrm{d}x&=p\int_\Omega c^{p-1}c_t\mathrm{d}x\\&=p\int_\Omega c^{p-1}\Delta c\mathrm{d}x-p\int_\Omega c^p n\mathrm{d}x-p\int_\Omega c^p v\mathrm{d}x\\&=-p(p-1)\int_\Omega c^{p-2}|\nabla c|^2\mathrm{d}x-p\int_\Omega c^p n\mathrm{d}x-p\int_\Omega c^p v\mathrm{d}x\end{aligned}$$

由 n, v, c 的非负性可得 $\frac{\mathrm{d}}{\mathrm{d}t}\int_\Omega c^p\mathrm{d}x\leqslant 0$，则结论成立。 □

引理 3.2.4 对任意 $t\in(0,T_{\max})$，有 $\|c(\cdot,t)\|_{L^\infty(\Omega)}\leqslant\|c_0\|_{L^\infty(\Omega)}$。

证明 令 $\overline{c}(x,t):=\|c_0\|_{L^\infty(\Omega)}$，由 $n,\ v\geqslant 0$ 可知

$$\begin{cases}\overline{c}_t=0\geqslant-(n+v)\overline{c}=\Delta\overline{c}-(n+v)\overline{c}, & \Omega\times(0,T_{\max})\\\partial_\nu\overline{c}(x,t)=0, & \partial\Omega\times(0,T_{\max})\end{cases}$$

且对任意 $x\in\Omega$ 成立：$\overline{c}(x,0)\geqslant c_0(x)$；根据比较原理可得在 $\Omega\times[0,T_{\max})$ 上，

$c(x,t) \leqslant \|c_0\|_{L^\infty(\Omega)}$，则对任意$t \in [0, T_{\max})$，有

$$\|c(\cdot,t)\|_{L^\infty(\Omega)} \leqslant \|c_0\|_{L^\infty(\Omega)} \qquad \square$$

引理 3.2.5 令$z := -\ln\left(\dfrac{c}{\|c_0\|_{L^\infty(\Omega)}}\right)$，则在$\Omega \times (0, T_{\max})$上$z \geqslant 0$成立，且

$$z_t = \Delta z - |\nabla z|^2 + n + c \tag{3.2.2}$$

证明 根据引理 3.2.4，对任意$(x,t) \in (\Omega \times (0, T_{\max}))$，有$\dfrac{c}{\|c_0\|_{L^\infty(\Omega)}} \leqslant 1$，因此$z \geqslant 0$。在$\Omega \times (0, T_{\max})$上直接计算有

$$z_t = -\frac{\|c_0\|_{L^\infty(\Omega)} c_t}{c\|c_0\|_{L^\infty(\Omega)}} = -\frac{c_t}{c}$$

$$\nabla z = -\frac{\|c_0\|_{L^\infty(\Omega)} \nabla c}{c\|c_0\|_{L^\infty(\Omega)}} = -\frac{\nabla c}{c}$$

$$\Delta z = \nabla \cdot \nabla z = \nabla \cdot \left(-\frac{\nabla c}{c}\right) = -\frac{\Delta c}{c} + \frac{|\nabla c|^2}{c^2} = -\frac{\Delta c}{c} + |\nabla z|^2$$

结合$c_t = \Delta c - (n+v)c$，可得

$$\begin{aligned} z_t &= -\frac{c_t}{c} \\ &= \Delta z - |\nabla z|^2 + n + v, \quad (x,t) \in \Omega \times (0, T_{\max}) \end{aligned} \qquad \square$$

根据初边值问题（3.1.2）和引理 3.2.5，可知(n,v,z)是如下初边值问题的解

$$\begin{cases} n_t = \Delta n + \chi_1 \nabla \cdot (n \nabla z) + \mu_1 n - \mu_1 n^\alpha, & x \in \Omega,\ t > 0 \\ v_t = \Delta v + \chi_2 \nabla \cdot (v \nabla z) + \mu_2 v - \mu_2 v^\beta, & x \in \Omega,\ t > 0 \\ z_t = \Delta z - |\nabla z|^2 + n + v, & x \in \Omega,\ t > 0 \\ \dfrac{\partial n}{\partial \upsilon} = \dfrac{\partial v}{\partial \upsilon} = \dfrac{\partial z}{\partial \upsilon}, & x \in \partial\Omega,\ t > 0 \\ n(x,0) = n_0(x),\ v(x,0) = v_0(x),\ z(x,0) = z_0(x), & x \in \Omega \end{cases}$$

其中$z_0(x) = -\ln\left(\dfrac{c_0}{\|c_0\|_{L^\infty(\Omega)}}\right)$。

引理 3.2.6 对任意$T \leqslant T_{\max}$，$T < \infty$，如果存在一个常数$C = C(T) > 0$

和某个 $p \geqslant 1$ 满足 $p > \frac{N}{2}$，使得在 $(0,T)$ 上有

$$\|n(\cdot,t)\|_{L^p(\Omega)} + \|v(\cdot,t)\|_{L^p(\Omega)} \leqslant C$$

则 z 在 $\Omega \times (0,T)$ 上有界。

证明　根据常数变易公式和 $-|\nabla z(\cdot,s)|^2 \leqslant 0$，可得

$$\begin{aligned} z(\cdot,t) &= \mathrm{e}^{t\Delta} z_0 + \int_0^t \mathrm{e}^{(t-s)\Delta}[n(\cdot,s) + v(\cdot,s) - |\nabla z|^2]\mathrm{d}s \\ &\leqslant \mathrm{e}^{t\Delta} z_0 + \int_0^t \mathrm{e}^{(t-s)\Delta} n(\cdot,s)\mathrm{d}s + \int_0^t \mathrm{e}^{(t-s)\Delta} v(\cdot,s)\mathrm{d}s, \quad t \in (0,T) \end{aligned}$$

根据 Neumann（诺依曼）热半群性质，存在 $C_1 > 0$，使得对任意的 $t \in (0,T)$，有

$$\begin{aligned} &\|z(\cdot,s)\|_{L^\infty(\Omega)} \\ &\leqslant \|\mathrm{e}^{t\Delta} z_0\|_{L^\infty(\Omega)} + \int_0^t \|\mathrm{e}^{(t-s)\Delta} n(\cdot,s)\|_{L^\infty(\Omega)} \mathrm{d}s + \int_0^t \|\mathrm{e}^{(t-s)\Delta} v(\cdot,s)\|_{L^\infty(\Omega)} \mathrm{d}s \\ &\leqslant \|z_0\|_{L^\infty(\Omega)} + \int_0^t C_1[1+(t-s)^{-\frac{N}{2p}}]\|n(\cdot,s)\|_{L^p(\Omega)} \mathrm{d}s + \int_0^t C_1[1+(t-s)^{-\frac{N}{2p}}]\|v(\cdot,s)\|_{L^p(\Omega)} \mathrm{d}s \\ &\leqslant \|z_0\|_{L^\infty(\Omega)} + 2C_1 C \int_0^T [1+(t-s)^{-\frac{N}{2p}}]\mathrm{d}s \end{aligned}$$

因为 $p > \frac{N}{2}$，即 $-\frac{N}{2p} > -1$，所以 $\|z(\cdot,s)\|_{L^\infty(\Omega)}$ 有界。　□

引理 3.2.7　对任意 $T \leqslant T_{\max}$，$T < \infty$，如果存在一个常数 $C = C(T) > 0$ 和某个 $p \geqslant 1$ 满足 $p > \frac{N}{2}$，使得在 $(0,T)$ 上有

$$\|n(\cdot,t)\|_{L^p(\Omega)} + \|v(\cdot,t)\|_{L^p(\Omega)} \leqslant C$$

则 $\frac{1}{c}$ 在 $\Omega \times (0,T)$ 上有界。

证明　由引理 3.2.6 知，存在 $C_1 = C_1(T)$ 使得在 $\Omega \times (0,T)$ 上，$z(x,t) \leqslant C_1$。由 $z := -\ln\left(\frac{c}{\|c_0\|_{L^\infty(\Omega)}}\right)$，则在 $\Omega \times (0,T)$ 上，$c(x,t) \geqslant \|c_0\|_{L^\infty(\Omega)} \mathrm{e}^{-C_1} > 0$。　□

3.3　N（$N \geqslant 2$）维情况下初边值问题（3.1.2）解的整体存在性

为了证明本章的主要结果，先证明如下几个引理。

引理 3.3.1 令 $T\in(0,T_{\max}]$，$T<\infty$，$r,p\in[1,\infty]$，假设 $\frac{1}{2}+\frac{N}{2}\left(\frac{1}{p}-\frac{1}{r}\right)<1$，则存在 $C>0$，使得对任意 $t\in(0,T)$，有

$$\|\nabla c(\cdot,t)\|_{L^r(\Omega)}\leqslant C(1+\sup_{s\in(0,t)}\|n(\cdot,s)\|_{L^p(\Omega)}+\sup_{s\in(0,t)}\|v(\cdot,s)\|_{L^p(\Omega)})$$

证明 根据 p 的大小，分两部分证明。

（1）令 $p\leqslant r$。

由常数变易公式得

$$\|\nabla c(\cdot,t)\|_{L^r(\Omega)}\leqslant\|\nabla \mathrm{e}^{t\Delta}c_0\|_{L^r(\Omega)}+\int_0^t\|\nabla \mathrm{e}^{(t-s)\Delta}[(n+v)c]\|_{L^r(\Omega)}\mathrm{d}s$$

由 Neumann（诺依曼）热半群性质，存在 $C_1>0$，$\lambda>0$，使得对任意的 $t\in(0,T)$，$s\leqslant t$，有

$$\|\nabla \mathrm{e}^{t\Delta}c_0\|_{L^r(\Omega)}\leqslant C_1$$

和

$$\begin{aligned}&\|\nabla \mathrm{e}^{(t-s)\Delta}[(n+v)c]\|_{L^r(\Omega)}\\\leqslant&\, C_1[1+(t-s)^{-\frac{1}{2}-\frac{N}{2}(\frac{1}{p}-\frac{1}{r})}]\mathrm{e}^{-\lambda(t-s)}\|(n+v)c\|_{L^p(\Omega)}\\\leqslant&\, C_1[1+(t-s)^{-\frac{1}{2}-\frac{N}{2}\left(\frac{1}{p}-\frac{1}{r}\right)}]\mathrm{e}^{-\lambda(t-s)}\|n+v\|_{L^p(\Omega)}\|c\|_{L^\infty(\Omega)}\\\leqslant&\, C_1[1+(t-s)^{-\frac{1}{2}-\frac{N}{2}\left(\frac{1}{p}-\frac{1}{r}\right)}]\mathrm{e}^{-\lambda(t-s)}(\|n\|_{L^p(\Omega)}+\|v\|_{L^p})\|c_0\|_{L^\infty(\Omega)}\end{aligned}$$

综合可以得到，对任意的 $t\in(0,T)$，有

$$\begin{aligned}\|\nabla c(\cdot,t)\|_{L^r(\Omega)}\leqslant&\, C_1+C_1\|c_0\|_{L^\infty(\Omega)}(\sup_{s\in(0,t)}\|n(\cdot,s)\|_{L^p(\Omega)}+\\&\sup_{s\in(0,t)}\|v(\cdot,s)\|_{L^p(\Omega)})\cdot\int_0^t[1+(t-s)^{-\frac{1}{2}-\frac{N}{2}\left(\frac{1}{p}-\frac{1}{r}\right)}]\mathrm{e}^{-\lambda(t-s)}\mathrm{d}s\end{aligned}$$

直接计算

$$\int_0^t 1+(t-s)^{-\frac{1}{2}-\frac{N}{2}\left(\frac{1}{p}-\frac{1}{r}\right)}\mathrm{e}^{-\lambda(t-s)}\mathrm{d}s<\infty$$

则结论成立。

（2）令 $p>r$。

结合（1）中的方法和插值不等式，存在 $C_2, C_3 > 0$，使得对任意 $t \in (0,T)$，有

$$
\begin{aligned}
\|\nabla c(\cdot,t)\|_{L^r(\Omega)} &\leqslant C_2 \|\nabla c(\cdot,t)\|_{L^p(\Omega)} \\
&\leqslant C_3(1 + \sup_{s\in(0,t)} \|n(\cdot,s)\|_{L^r(\Omega)} + \sup_{s\in(0,t)} \|v(\cdot,s)\|_{L^r(\Omega)}) \\
&\leqslant C_3(1 + \sup_{s\in(0,t)} \|n(\cdot,s)\|_{L^p(\Omega)} |\Omega|^{\frac{p-r}{rp}} + \sup_{s\in(0,t)} \|v(\cdot,s)\|_{L^p(\Omega)} |\Omega|^{\frac{p-r}{rp}}) \\
&\leqslant C(1 + \sup_{s\in(0,t)} \|n(\cdot,s)\|_{L^p(\Omega)} + \sup_{s\in(0,t)} \|v(\cdot,s)\|_{L^p(\Omega)})
\end{aligned}
$$

成立，引理 3.3.1 得证。 □

引理 3.3.2　设初值满足条件（3.1.3），$T \in (0, T_{\max}]$，$T < \infty$，$p \geqslant 1$。如果存在 $p > \frac{N}{2}$ 满足

$$\sup_{t\in(0,T)} (\|n(\cdot,t)\|_{L^p(\Omega)} + \|v(\cdot,t)\|_{L^p(\Omega)}) < \infty$$

则

$$\sup_{t\in(0,T)} (\|n(\cdot,t)\|_{L^\infty(\Omega)} + \|v(\cdot,t)\|_{L^\infty(\Omega)} + \|c(\cdot,t)\|_{W^{1,\infty}(\Omega)}) < \infty$$

证明　对每个给定的 $p > \frac{N}{2}$，有

$$
\frac{Np}{(N-p)_+} = \begin{cases} \infty, & p \geqslant N \\ \dfrac{Np}{N-p} > N, & \dfrac{N}{2} < p < N \end{cases}
$$

成立，则可以找到 $p_0 > 1$ 且满足

$$N < p_0 < \frac{Np}{(N-p)_+} \tag{3.3.1}$$

使得存在 $k > 1$，满足

$$N < kp_0 < \frac{Np}{(N-p)_+} \tag{3.3.2}$$

对 $n(\cdot,t)$ 应用常数变易公式，得到

$$
\begin{aligned}
n(\cdot,t) &= \mathrm{e}^{t\Delta} n_0 - \chi_1 \int_0^t \mathrm{e}^{(t-s)\Delta} \nabla \cdot \left(n \frac{\nabla c}{c} \right) \mathrm{d}s + \mu_1 \int_0^t \mathrm{e}^{(t-s)\Delta} (n - n^2) \mathrm{d}s \\
&\leqslant \mathrm{e}^{t\Delta} u_0 - \chi_1 \int_0^t \mathrm{e}^{(t-s)\Delta} \nabla \cdot \left(n \frac{\nabla c}{c} \right) \mathrm{d}s + \mu_1 C_1 T
\end{aligned}
$$

其中 $C_1 := \sup\limits_{n>0}(n-n^2)$。

对任意 $t\in(0,T)$，有

$$\|n(\cdot,t)\|_{L^\infty(\Omega)} \leqslant \|\mathrm{e}^{t\Delta}n_0\|_{L^\infty(\Omega)} + \chi_1\int_0^t \left\|\mathrm{e}^{(t-s)\Delta}\nabla\cdot\left(n\frac{\nabla c}{c}\right)\right\|_{L^\infty(\Omega)}\mathrm{d}s + \mu_1 C_1 T$$

又由 Neumann（诺依曼）热半群性质，存在 $C_2>0$，使得对任意的 $t\in(0,T)$，有

$$\|n(\cdot,t)\|_{L^\infty(\Omega)} \leqslant \|n_0\|_{L^\infty(\Omega)} + C_2\chi_1\int_0^t [1+(t-s)^{-\frac{1}{2}-\frac{N}{2p_0}}]\mathrm{e}^{-\lambda(t-s)}\left\|u\frac{\nabla c}{c}\right\|_{L^{p_0}(\Omega)}\mathrm{d}s + \mu_1 C_1 T \tag{3.3.3}$$

依次应用插值不等式、Hölder（霍德尔）不等式、式（3.2.1）、引理3.3.1 和式（3.3.2），可知存在常数 $C_3, C_4>0$，使得

$$\begin{aligned}\left\|n\frac{\nabla c}{c}\right\|_{L^{p_0}(\Omega)} &\leqslant C_3\|n\|_{L^{\frac{kp_0}{k-1}}(\Omega)}\|\nabla c\|_{L^{kp_0}(\Omega)}\\ &\leqslant C_3\|n\|_{L^\infty(\Omega)}^{1-\frac{k-1}{kp_0}}\|n\|_{L^1(\Omega)}^{\frac{k-1}{kp_0}}\|\nabla c\|_{L^{kp_0}(\Omega)}\\ &\leqslant C_3 m^{\frac{k-1}{kp_0}}C_4\|n\|_{L^\infty(\Omega)}^{1-\frac{k-1}{kp_0}}\end{aligned}$$

将上式代入式（3.3.3），对任意 $T\in(0,T_{\max}]$，有

$$\sup_{t\in(0,T)}\|n(\cdot,t)\|_{L^\infty(\Omega)} \leqslant \|n_0\|_{L^\infty(\Omega)} + C_5\sup_{t\in(0,T)}\|n(\cdot,t)\|_{L^\infty(\Omega)}^{1-\frac{k-1}{kp_0}} + \mu_1 C_1 T$$

其中 $C_5 = C_2C_3C_4m^{\frac{k-1}{kp_0}}\chi_1\int_0^\infty[1+(t-s)^{\frac{1}{2}-\frac{N}{2p_0}}]\mathrm{e}^{-\lambda(t-s)}\mathrm{d}s$。根据式（3.3.1），可知 $C_5<\infty$。

类似推导，对任意 $T\in(0,T_{\max}]$，可得

$$\sup_{t\in(0,T)}\|v(\cdot,t)\|_{L^\infty(\Omega)} \leqslant \|v_0\|_{L^\infty(\Omega)} + C_6\sup_{t\in(0,T)}\|v(\cdot,t)\|_{L^\infty(\Omega)}^{1-\frac{k-1}{kp_0}} + \mu_2 C_7 T$$

由引理 3.2.4 和引理 3.3.1 可得 $\|c(\cdot,t)\|_{W^{1,\infty}(\Omega)}$ 有界。引理 3.3.2 得证。 □

要得到当 $p>\dfrac{N}{2}$ 时 $\|n(\cdot,t)\|_{L^p(\Omega)}$ 和 $\|v(\cdot,t)\|_{L^p(\Omega)}$ 的估计，还需要以下两个关键的引理。

引理 3.3.3 设 $p>1$，$q<0$，对任意 $t\in(0,T_{\max})$，有

$$\frac{\mathrm{d}}{\mathrm{d}t}\int_\Omega n^p c^q \mathrm{d}x$$
$$\leqslant p\mu_1\int_\Omega n^p c^q \mathrm{d}x - p(p-1)\int_\Omega n^{p-2}c^q|\nabla n|^2\mathrm{d}x + [p(p-1)\chi_1 - 2pq]\int_\Omega n^{p-1}c^{q-1}\nabla n\cdot\nabla c\mathrm{d}x +$$
$$[pq\chi_1 - q(q-1)]\int_\Omega n^p c^{q-2}|\nabla c|^2\mathrm{d}x - q\int_\Omega v^{p+1}c^q\mathrm{d}x - (p\mu_1 + q + pq)\int_\Omega n^{p+1}c^q\mathrm{d}x \tag{3.3.4}$$

$$\frac{\mathrm{d}}{\mathrm{d}t}\int_\Omega v^p c^q \mathrm{d}x$$
$$\leqslant p\mu_2\int_\Omega v^p c^q \mathrm{d}x - p(p-1)\int_\Omega v^{p-2}c^q|\nabla n|^2\mathrm{d}x + [p(p-1)\chi_2 - 2pq]\int_\Omega v^{p-1}c^{q-1}\nabla v\cdot\nabla c\mathrm{d}x +$$
$$[pq\chi_2 - q(q-1)]\int_\Omega v^p c^{q-2}|\nabla c|^2\mathrm{d}x - q\int_\Omega n^{p+1}c^q\mathrm{d}x - (p\mu_2 + q + pq)\int_\Omega v^{p+1}c^q\mathrm{d}x \tag{3.3.5}$$

证明　对任意 $t\in(0,T_{\max})$，直接计算有

$$\frac{\mathrm{d}}{\mathrm{d}t}\int_\Omega n^p c^q \mathrm{d}x$$
$$= p\int_\Omega n^{p-1}n_t c^q\mathrm{d}x + q\int_\Omega n^p c^{q-1}c_t\mathrm{d}x$$
$$= p\int_\Omega n^{p-1}c^q\Delta n\mathrm{d}x - p\chi_1\int_\Omega n^{p-1}c^q\nabla\cdot(n\frac{\nabla c}{c})\mathrm{d}x + p\int_\Omega n^{p-1}[\mu_1(n-n^2)]c^q\mathrm{d}x +$$
$$q\int_\Omega n^p c^{q-1}\Delta c\mathrm{d}x - q\int_\Omega n^{p+1}c^q\mathrm{d}x - q\int_\Omega n^p c^q v\mathrm{d}x$$
$$\leqslant -p\int_\Omega\nabla(n^{p-1}c^q)\cdot\nabla n\mathrm{d}x + p\chi_1\int_\Omega\frac{n}{c}\nabla(n^{p-1}c^q)\nabla c\mathrm{d}x + p\mu_1\int_\Omega n^p c^q\mathrm{d}x - p\mu_1\int_\Omega n^{p+1}c^q\mathrm{d}x -$$
$$q\int_\Omega\nabla(n^p c^{q-1})\cdot\nabla c\mathrm{d}x - q\int_\Omega n^{p+1}c^q\mathrm{d}x - pq\int_\Omega n^{p+1}c^q\mathrm{d}x - q\int_\Omega v^{p+1}c^q\mathrm{d}x$$
$$= -p(p-1)\int_\Omega n^{p-2}c^q|\nabla n|^2\mathrm{d}x - pq\int_\Omega n^{p-1}c^{q-1}\nabla n\cdot\nabla c\mathrm{d}x + p(p-1)\chi_1\int_\Omega n^{p-1}c^{q-1}\nabla n\cdot\nabla c\mathrm{d}x +$$
$$pq\chi_1\int_\Omega n^p c^{q-2}|\nabla c|^2\mathrm{d}x + p\mu_1\int_\Omega n^p c^q\mathrm{d}x - p\mu_1\int_\Omega n^{p+1}c^q\mathrm{d}x - pq\int_\Omega n^{p-1}c^{q-1}\nabla n\cdot\nabla c\mathrm{d}x -$$
$$q(q-1)\int_\Omega n^p c^{q-2}|\nabla c|^2\mathrm{d}x - q\int_\Omega n^{p+1}c^q\mathrm{d}x - pq\int_\Omega n^{p+1}c^q\mathrm{d}x - q\int_\Omega v^{p+1}c^q\mathrm{d}x$$
$$= p\mu_1\int_\Omega n^p c^q\mathrm{d}x - p(p-1)\int_\Omega n^{p-2}c^q|\nabla n|^2\mathrm{d}x + [p(p-1)\chi_1 - 2pq]\int_\Omega n^{p-1}c^{q-1}\nabla n\cdot\nabla c\mathrm{d}x +$$
$$[pq\chi_1 - q(q-1)]\int_\Omega n^p c^{q-2}|\nabla c|^2\mathrm{d}x - q\int_\Omega v^{p+1}c^q\mathrm{d}x - (\mu_1 p + q + pq)\int_\Omega n^{p+1}c^q\mathrm{d}x$$

同理，式（3.3.5）得证。　□

接下来，取引理 3.3.3 中的指数 $q<0$，利用式（3.3.4）和式（3.3.5）证明 $\int_\Omega n^p c^q\mathrm{d}x$ 和 $\int_\Omega v^p c^q\mathrm{d}x$ 的有界性。

引理 3.3.4　令 $T\in(0,T_{\max})$，$T<\infty$，如果 $p>1$，$r>0$，满足

$$p \in \left(1, \frac{1}{\max\{\chi_1^2, \chi_2^2\}}\right), \quad r \in (r_-, \min\{r_+, \min\{\mu_1, \mu_2\}\tfrac{p}{2+p}\}),$$

其中 $r_\pm = \dfrac{p-1}{2}(1 \pm \sqrt{1 - p\max\{\chi_1^2, \chi_2^2\}})$，则存在 $C = C(T) > 0$，使得对任意 $t \in (0,T)$

$$\int_\Omega n^p c^{-r} \mathrm{d}x \leqslant C, \quad \int_\Omega v^p c^{-r} \mathrm{d}x \leqslant C$$

成立

证明 在引理 3.3.3 中，令 $q = -r$，对任意 $t \in (0, T_{\max})$，有

$$\begin{aligned}
&\frac{\mathrm{d}}{\mathrm{d}t}\left(\int_\Omega n^p c^{-r} \mathrm{d}x + \int_\Omega v^p c^{-r} \mathrm{d}x\right) \\
&\leqslant p\mu_1 \int_\Omega n^p c^{-r} \mathrm{d}x + p\mu_2 \int_\Omega v^p c^{-r} \mathrm{d}x - \\
&\quad p(p-1)\int_\Omega n^{p-2} c^{-r} |\nabla n|^2 \mathrm{d}x - p(p-1)\int_\Omega v^{p-2} c^{-r} |\nabla v|^2 \mathrm{d}x + \\
&\quad [p(p-1)\chi_1 + 2pr]\int_\Omega n^{p-1} c^{-r-1} \nabla n \cdot \nabla c \mathrm{d}x + [p(p-1)\chi_2 + 2pr]\int_\Omega v^{p-1} c^{-r-1} \nabla v \cdot \nabla c \mathrm{d}x - \\
&\quad [pr\chi_1 + r(r+1)]\int_\Omega n^p c^{-r-2} |\nabla c|^2 \mathrm{d}x - [pr\chi_2 + r(r+1)]\int_\Omega v^p c^{-r-2} |\nabla c|^2 \mathrm{d}x + \\
&\quad (2r + rp - p\mu_1)\int_\Omega n^{p+1} c^{-r} \mathrm{d}x + (2r + rp - p\mu_2)\int_\Omega v^{p+1} c^{-r} \mathrm{d}x
\end{aligned} \tag{3.3.6}$$

根据 Young（杨）不等式，在 $(0, T_{\max})$ 上可以得到上述不等式右侧的倒数第 5、6 项估计

$$\begin{aligned}
&\left|[p(p-1)\chi_1 + 2pr]\int_\Omega n^{p-1} c^{-r-1} \nabla n \cdot \nabla c \mathrm{d}x\right| + \left|[p(p-1)\chi_2 + 2pr]\int_\Omega v^{p-1} c^{-r-1} \nabla v \cdot \nabla c \mathrm{d}x\right| \\
&\leqslant p(p-1)\int_\Omega n^{p-2} c^{-r} |\nabla n|^2 \mathrm{d}x + \frac{[p(p-1)\chi_1 + 2pr]^2}{4p(p-1)}\int_\Omega n^p c^{-r-2} |\nabla c|^2 \mathrm{d}x \\
&\leqslant p(p-1)\int_\Omega v^{p-2} c^{-r} |\nabla v|^2 \mathrm{d}x + \frac{[p(p-1)\chi_2 + 2pr]^2}{4p(p-1)}\int_\Omega v^p c^{-r-2} |\nabla c|^2 \mathrm{d}x
\end{aligned}$$

将上式代入式（3.3.6），有

$$\begin{aligned}
&\frac{\mathrm{d}}{\mathrm{d}t}\left(\int_\Omega n^p c^{-r} \mathrm{d}x + \int_\Omega v^p c^{-r} \mathrm{d}x\right) \\
&\leqslant p\mu_1 \int_\Omega n^p c^{-r} \mathrm{d}x + p\mu_2 \int_\Omega v^p c^{-r} \mathrm{d}x + \\
&\quad (2r + rp - \mu_1 p)\int_\Omega n^{p+1} c^{-r} \mathrm{d}x + (2r + rp - \mu_2 p)\int_\Omega v^{p+1} c^{-r} \mathrm{d}x + \\
&\quad \left(\frac{[p(p-1)\chi_1 + 2pr]^2}{4p(p-1)} - [pr\chi_1 + r(r+1)]\right)\int_\Omega n^p c^{-r-2} |\nabla c|^2 \mathrm{d}x +
\end{aligned}$$

$$\left(\frac{[p(p-1)\chi_2+2pr]^2}{4p(p-1)}-[pr\chi_2+r(r+1)]\right)\int_\Omega v^p c^{-r-2}|\nabla c|^2\,\mathrm{d}x \tag{3.3.7}$$

因为$r\in\left(r_-,\min\left\{r_+,\min\{\mu_1,\mu_2\}\frac{p}{2+p}\right\}\right)$，显然

$$(2r+rp-\mu_1 p)<0，\ (2r+rp-\mu_2 p)<0$$

当$r\in(r_-,r_+)$时，有

$$r^2-(p-1)r+\frac{p(p-1)^2\chi_1^2}{4}<0$$

所以有

$$\begin{aligned} r\in(r_-,r_+) &\Rightarrow r^2-(p-1)r+\frac{p(p-1)^2\chi_1^2}{4}<0 \\ &\Rightarrow p(p-1)\chi_1^2+4pr\chi_1+\frac{4r^2p}{p-1}<4pr\chi_1+4r^2+4r \\ &\Rightarrow \frac{(\chi_1+\frac{2r}{p-1})^2p(p-1)}{4[pr\chi_1+r(r+1)]}<1 \\ &\Rightarrow \frac{[p(p-1)\chi_1+2pr]^2}{4[pr\chi_1+r(r+1)]}<p(p-1) \end{aligned}$$

即$\dfrac{[p(p-1)\chi_1+2pr]^2}{4p(p-1)}-[pr\chi_1+r(r+1)]<0$。

类似有$\left(\dfrac{[p(p-1)\chi_2+2pr]^2}{4p(p-1)}-[pr\chi_2+r(r+1)]\right)<0$。所以不等式（3.3.7）中右侧 6 项都是负的，即

$$\begin{aligned} &\frac{\mathrm{d}}{\mathrm{d}t}\left(\int_\Omega n^p c^{-r}\mathrm{d}x+\int_\Omega v^p c^{-r}\mathrm{d}x\right) \\ &\leqslant p\mu_1\int_\Omega n^p c^{-r}\mathrm{d}x+p\mu_2\int_\Omega v^p c^{-r}\mathrm{d}x \end{aligned}$$

由微分 Gronwall（格朗瓦尔）不等式可知，对任意$T\in(0,T_{\max}]$，当$T<\infty$时，存在$C(T)$，使得对任意$t\in(0,T)$

$$\frac{\mathrm{d}}{\mathrm{d}t}\left(\int_\Omega n^p c^{-r}\mathrm{d}x+\int_\Omega v^p c^{-r}\mathrm{d}x\right)\leqslant C(T)$$

成立　□

借助引理 3.3.4，可以证明对任意 $t\in(0,T)$，$\|n(\cdot,t)\|_{L^p(\Omega)}$ 和 $\|v(\cdot,t)\|_{L^p(\Omega)}$ 有界。

引理 3.3.5 令 $T\in(0,T_{\max}]$ 且 $T<\infty$，设 $p\in\left(1,\dfrac{1}{\max\{\chi_1^2,\chi_2^2\}}\right)$ 使得

$$\min\{\mu_1,\mu_2\}\frac{p}{2+p}>\frac{p-1}{2}$$

则存在 $C(T)>0$，使得对任意 $t\in(0,T)$，有

$$\|n(\cdot,t)\|_{L^p(\Omega)}\leqslant C(T)，\ \|v(\cdot,t)\|_{L^p(\Omega)}\leqslant C(T)$$

证明 设 $r_\pm=\dfrac{p-1}{2}(1\pm\sqrt{1-p\max\{\chi_1^2,\chi_2^2\}})$。因为 $p<\dfrac{1}{\max\{\chi_1^2,\chi_2^2\}}$，显然有 $1-p\chi_i^2>0$，$i=1,2$，所以 $r_-<r_+$。

因为 $\min\{\mu_1,\mu_2\}\dfrac{p}{2+p}>\dfrac{p-1}{2}$，$r_-<\dfrac{p-1}{2}$，所以 $r_-<\min\{\mu_1,\mu_2\}\dfrac{p}{2+p}$。因此，存在 $r\in\left(r_-,\min\left\{r_+,\min\{\mu_1,\mu_2\}\dfrac{p}{2+p}\right\}\right)$。对于这样的 r，根据引理 3.3.4，存在 $C_1(T)>0$，使得对任意 $t\in(0,T)$，有

$$\int_\Omega n^p c^{-r}\mathrm{d}x\leqslant C_1(T)$$

根据引理 3.2.4，对任意 $t\in(0,T)$，有

$$\|c^r(\cdot,t)\|_{L^\infty(\Omega)}\leqslant\|c_0{}^r\|_{L^\infty(\Omega)}$$

因此

$$\begin{aligned}\|n(\cdot,t)\|_{L^p(\Omega)}&=\left(\int_\Omega n^p c^{-r}c^r\mathrm{d}x\right)^{\frac{1}{p}}\\&\leqslant\left(\int_\Omega n^p c^{-r}\mathrm{d}x\|c^r\|_{L^\infty(\Omega)}\right)^{\frac{1}{p}}\\&\leqslant\|c_0\|_{L^\infty(\Omega)}^{\frac{r}{p}}\left(\int_\Omega n^p c^{-r}\mathrm{d}x\right)^{\frac{1}{p}}\\&\leqslant\|c_0\|_{L^\infty(\Omega)}^{\frac{r}{p}}C_1^{\frac{1}{p}}=:C\end{aligned}$$

同理可证，对任意 $t\in(0,T)$，有 $\|v(\cdot,t)\|_{L^p(\Omega)}\leqslant C$。 □

定理 3.3.1 设 Ω 是 $\mathbb{R}^N$（$N\geqslant2$）中的有界区域，$\partial\Omega$ 是光滑的，初值

(n_0,v_0,c_0) 满足条件（3.1.3），当 $\chi_1,\ \chi_2,\ \mu_1,\ \mu_2,\ \alpha,\ \beta$ 满足条件

$$\chi_1,\chi_2>0,\quad \max\{\chi_1,\ \chi_2\}<\sqrt{\frac{2}{N}},\ \min\{\mu_1,\ \mu_2\}>\frac{(N-2)(N+4)}{4N},\ \alpha=\beta=2$$

时，初边值问题（3.1.2）存在整体经典解 (n,v,c)。

证明　因为 $\max\{\chi_1,\chi_2\}<\sqrt{\frac{2}{N}}$，所以区间 $\left(\frac{N}{2},\frac{1}{\max\{\chi_1^2,\chi_2^2\}}\right)$ 非空。此外，因为 $\frac{\frac{N}{2}-1}{2\cdot\frac{N}{2}}=\frac{N-2}{2N}<\min\{\mu_1,\mu_2\}$，所以可以找到合适的 $p\in\left(\frac{N}{2},\frac{1}{\max\{\chi_1^2,\chi_2^2\}}\right)$ 使得 $\frac{(p-1)(p+2)}{2p}<\min\{\mu_1,\mu_2\}$，即 $\min\{\mu_1,\mu_2\}\frac{p}{2+p}>\frac{p-1}{2}$。由引理 3.3.5，对每个这样选定的 p 和任意 $T\in(0,T_{\max}]$，$T<\infty$，存在 $C(T)>0$，对任意的 $t\in(0,T)$，有

$$\|n(\cdot,t)\|_{L^p(\Omega)}\leqslant C(T),\quad \|v(\cdot,t)\|_{L^p(\Omega)}\leqslant C(T)$$

假设 $T_{\max}$ 有限，令 $T=T_{\max}$，由引理 3.3.2 有

$$\sup_{t\in(0,T_{\max})}\left(\|n(\cdot,t)\|_{L^\infty(\Omega)}+\|v(\cdot,t)\|_{L^\infty(\Omega)}+\|c(\cdot,t)\|_{W^{1q}(\Omega)}\right)<\infty$$

与引理 3.2.1 矛盾，则定理成立。　□

3.4　一维情况下初边值问题（3.1.2）解的整体存在性

下面开始讨论当 $\alpha,\beta>1$、$N=1$ 时初边值问题（3.1.2）的整体解问题。

引理 3.4.1　若 $N=1$，$T\in(0,T_{\max}]$，$T<\infty$，则存在 $C>0$，使得在 $\Omega\times(0,T)$ 上，有

$$c\geqslant \underline{c}(t):=\|c_0\|_{L^\infty(\Omega)}\,\mathrm{e}^{-C(1+t)}$$

证明　从式（3.2.2）可知

$$\begin{aligned}z&=\mathrm{e}^{t\Delta}z_0-\int_0^t\mathrm{e}^{(t-s)\Delta}|\nabla z|^2\,\mathrm{d}s+\int_0^t\mathrm{e}^{(t-s)\Delta}(n+v)\mathrm{d}s\\&\leqslant\mathrm{e}^{t\Delta}z_0+\int_0^t\mathrm{e}^{(t-s)\Delta}(n+v)\mathrm{d}s\end{aligned}\tag{3.4.1}$$

结合 Neumann（诺依曼）热半群性质和 $N=1$，直接计算得

$$
\begin{aligned}
&\|z\|_{L^\infty(\Omega)}\\
\leqslant &\left\|e^{t\Delta}z_0\right\|_{L^\infty(\Omega)}+\int_0^t\left\|e^{(t-s)\Delta}(n-\overline{n})\right\|_{L^\infty(\Omega)}ds+\int_0^t\left\|e^{(t-s)\Delta}\overline{n}\right\|_{L^\infty(\Omega)}ds+\\
&\int_0^t\left\|e^{(t-s)\Delta}(v-\overline{v})\right\|_{L^\infty(\Omega)}ds+\int_0^t\left\|e^{(t-s)\Delta}\overline{v}\right\|_{L^\infty(\Omega)}ds\\
\leqslant &\|z_0\|_{L^\infty(\Omega)}+\frac{2m}{|\Omega|}t+k_1\int_0^t[1+(t-s)^{-\frac{1}{2}}]e^{-\lambda(t-s)}\|(n-\overline{n})\|_{L^1(\Omega)}ds+\\
&k_1\int_0^t[1+(t-s)^{-\frac{1}{2}}]e^{-\lambda(t-s)}\|(v-\overline{v})\|_{L^1(\Omega)}ds\\
\leqslant &\|z_0\|_{L^\infty(\Omega)}+\frac{2m}{|\Omega|}t+4k_1m\int_0^t[1+(t-s)^{-\frac{1}{2}}]e^{-\lambda(t-s)}ds\\
\leqslant &C(1+t)
\end{aligned}
\tag{3.4.2}
$$

其中 $\lambda>0$，$\overline{n}:=\frac{1}{|\Omega|}\int_\Omega n\mathrm{d}x$，$\overline{v}:=\frac{1}{|\Omega|}\int_\Omega v\mathrm{d}x$。

由式（3.4.2）和 $z:=-\ln\left(\frac{c}{\|c_0\|_{L^\infty(\Omega)}}\right)$可知定理成立。□

关于对任意 $t\in(0,T)$，$n(\cdot,t)$ 和 $v(\cdot,t)$ 的 L^p（$p>1$）估计，可由时间变量的 L^1 估计直接得到。

引理 3.4.2 设 $N=1$，$\alpha,\beta>1$，$p>1$，对任意 $T\leqslant T_{\max}$ 且 $T<\infty$，则存在 $C>0$，使得对任意 $t\in(0,T)$，有

$$
\|n\|_{L^p(\Omega)}\leqslant C\left(1+t+\int_0^t\left(\frac{e^{C(1+s)}}{\|c_0\|_{L^\infty(\Omega)}}\right)^{\frac{2(p+\alpha-1)}{\alpha-1}}ds\right)^{\frac{1}{p}}
\tag{3.4.3}
$$

$$
\|v\|_{L^p(\Omega)}\leqslant C\left(1+t+\int_0^t\left(\frac{e^{C(1+s)}}{\|c_0\|_{L^\infty(\Omega)}}\right)^{\frac{2(p+\beta-1)}{\beta-1}}ds\right)^{\frac{1}{p}}
\tag{3.4.4}
$$

证明 根据常数变易公式和 Neumann（诺依曼）热半群性质可知，存在 $C_1>0$ 和 $\lambda>0$，使得对任意的 $t\in(0,T)$，$s\leqslant t$，有

$$
\begin{aligned}
&\|\nabla c(\cdot,t)\|_{L^p(\Omega)} \\
&\leqslant \|\nabla c_0\|_{L^p(\Omega)} + C_1\int_0^t [1+(t-s)^{-1+\frac{1}{2p}}]\mathrm{e}^{-\lambda(t-s)}\|(n+v)c\|_{L^1(\Omega)}\mathrm{d}s \\
&\leqslant \|\nabla c_0\|_{L^p(\Omega)} + C_1\|c_0\|_{L^\infty(\Omega)}m\int_0^\infty [1+(t-s)^{-1+\frac{1}{2p}}]\mathrm{e}^{-\lambda(t-s)}\mathrm{d}s + \\
&\quad C_1\|c_0\|_{L^\infty(\Omega)}m\int_0^\infty [1+(t-s)^{-1+\frac{1}{2p}}]\mathrm{e}^{-\lambda(t-s)}\mathrm{d}s \\
&\leqslant C_2
\end{aligned}
\tag{3.4.5}
$$

直接计算$\frac{1}{p}\frac{\mathrm{d}}{\mathrm{d}t}\int_\Omega n^p\mathrm{d}x$，并结合初边值问题（3.1.2）的第一个方程可得，对任意$t\in(0,T)$，有

$$
\begin{aligned}
\frac{1}{p}\frac{\mathrm{d}}{\mathrm{d}t}\int_\Omega n^p\mathrm{d}x &= \int_\Omega n^{p-1}\left(\Delta n - \chi_1\nabla\cdot\left(n\frac{\nabla c}{c}\right) + \mu_1 n - \mu_1 n^\alpha\right)\mathrm{d}x \\
&= -(p-1)\int_\Omega n^{p-2}|\nabla n|^2\mathrm{d}x + \chi_1(p-1)\int_\Omega n^{p-1}\frac{\nabla n\cdot\nabla c}{c}\mathrm{d}x + \mu_1\int_\Omega n^p\mathrm{d}x - \mu_1\int_\Omega n^{p+\alpha-1}\mathrm{d}x
\end{aligned}
\tag{3.4.6}
$$

根据 Young（杨）不等式，有

$$
\chi_1(p-1)\int_\Omega n^{p-1}\frac{\nabla n\cdot\nabla c}{c}\mathrm{d}x \leqslant \frac{p-1}{4}\chi_1^2\int_\Omega n^p\frac{|\nabla c|^2}{c^2}\mathrm{d}x + (p-1)\int_\Omega n^{p-2}|\nabla n|^2\mathrm{d}x
\tag{3.4.7}
$$

根据引理 3.4.1，有

$$
\frac{p-1}{4}\chi_1^2\int_\Omega n^p\frac{|\nabla c|^2}{c^2}\mathrm{d}x \leqslant \frac{p-1}{4\|c_0\|_{L^\infty(\Omega)}^2\mathrm{e}^{-2C_3(1+t)}}\chi_1^2\int_\Omega n^p|\nabla c|^2\mathrm{d}x
\tag{3.4.8}
$$

将式（3.4.7）和式（3.4.8）代入式（3.4.6），应用 Young（杨）不等式和式（3.4.5）可知，对任意$t\in(0,T)$，有

$$
\begin{aligned}
&\frac{1}{p}\frac{\mathrm{d}}{\mathrm{d}t}\int_\Omega n^p\mathrm{d}x \\
&\leqslant \frac{p-1}{4\|c_0\|_{L^\infty(\Omega)}^2\mathrm{e}^{-2C_3(1+t)}}\chi_1^2\int_\Omega n^p|\nabla c|^2\mathrm{d}x + \mu_1\int_\Omega n^p\mathrm{d}x - \mu_1\int_\Omega n^{p+\alpha-1}\mathrm{d}x \\
&\leqslant C_4\left(\frac{\mathrm{e}^{C_3(1+t)}}{\|c_0\|_{L^\infty(\Omega)}}\right)^{\frac{2(p+\alpha-1)}{\alpha-1}}\int_\Omega|\nabla c|^{\frac{2(p+\alpha-1)}{\alpha-1}}\mathrm{d}x + C_5
\end{aligned}
$$

$$\leqslant C_6\left(\left(\frac{e^{C_3(1+t)}}{\|c_0\|_{L^\infty(\Omega)}}\right)^{\frac{2(p+\alpha-1)}{\alpha-1}} C_2^{\frac{2(p+\alpha-1)}{\alpha-1}}+1\right)$$

则对任意$t\in(0,T)$，有

$$\int_\Omega n^p \mathrm{d}x \leqslant \int_\Omega n_0^p \mathrm{d}x + C_5 pt + C_6 p C_2^{\frac{2(p+\alpha-1)}{\alpha-1}} \int_0^t \left(\frac{e^{C_3(1+s)}}{\|c_0\|_{L^\infty(\Omega)}}\right)^{\frac{2(p+\alpha-1)}{\alpha-1}} \mathrm{d}s$$
$$\leqslant C\left(1+t+\int_0^t \left(\frac{e^{C_3(1+s)}}{\|c_0\|_{L^\infty(\Omega)}}\right)^{\frac{2(p+\alpha-1)}{\alpha-1}} \mathrm{d}s\right)$$

用同样的方法，可以证得式（3.4.4）。□

定理 3.4.1　设Ω是$\mathbb{R}$中的有界开区间，$\chi_i>0$，$\mu_i>0$（$i=1,2$），$\alpha, \beta>1$，初值(n_0,v_0,c_0)满足条件（3.1.3），则初边值问题（3.1.2）存在整体经典解(n,v,c)。

证明　由引理 3.4.1、引理 3.4.2 和$p=2$可知，在$t\in(0,T)$上，有

$$\|\nabla c\|_{L^\infty(\Omega)}$$
$$\leqslant \|\nabla c_0\|_{L^\infty(\Omega)} + C_1\int_0^t [1+(t-s)^{-\frac{3}{4}}]e^{-\lambda(t-s)}\|(n+v)c\|_{L^2(\Omega)}\mathrm{d}s$$
$$\leqslant \|\nabla c_0\|_{L^\infty(\Omega)} + C_2\|c_0\|_{L^\infty(\Omega)}\left(1+t+\int_0^t \left(\frac{e^{C_3(1+s)}}{\|c_0\|_{L^\infty(\Omega)}}\right)^{\frac{2(\alpha+1)}{\alpha-1}} \mathrm{d}s\right)^{\frac{1}{2}}\int_0^\infty [1+(t-s)^{-\frac{3}{4}}]e^{-\lambda(t-s)}\mathrm{d}s +$$
$$C_2\|c_0\|_{L^\infty(\Omega)}\left(1+t+\int_0^t \left(\frac{e^{C_3(1+s)}}{\|c_0\|_{L^\infty(\Omega)}}\right)^{\frac{2(\beta+1)}{\beta-1}} \mathrm{d}s\right)^{\frac{1}{2}}\int_0^\infty [1+(t-s)^{-\frac{3}{4}}]e^{-\lambda(t-s)}\mathrm{d}s$$
$$\leqslant \|\nabla c_0\|_{L^\infty(\Omega)} + C_4\|c_0\|_{L^\infty(\Omega)}\left(1+t+\int_0^t \left(\frac{e^{C(1+s)}}{\|c_0\|_{L^\infty(\Omega)}}\right)^{\frac{2(\gamma+1)}{\gamma-1}} \mathrm{d}s\right)^{\frac{1}{2}}\int_0^\infty [1+(t-s)^{-\frac{3}{4}}]e^{-\lambda(t-s)}\mathrm{d}s$$
$$\leqslant C_5\left(1+t+\int_0^t \left(\frac{e^{C_3(1+s)}}{\|c_0\|_{L^\infty(\Omega)}}\right)^{\frac{2(\gamma+1)}{\gamma-1}} \mathrm{d}s\right)^{\frac{1}{2}} \tag{3.4.9}$$

其中，$\gamma := \min\{\alpha, \beta\}$。

根据$n(\cdot,t)$的常数变易公式，对任意$t \in (0,T)$，有

$$\begin{aligned} n(\cdot,t) &= \mathrm{e}^{t\Delta} n_0 - \chi_1 \int_0^t \mathrm{e}^{(t-s)\Delta} \nabla \cdot \left(n \frac{\nabla c}{c} \right) \mathrm{d}s + \mu_1 \int_0^t \mathrm{e}^{(t-s)\Delta} (n - n^\alpha) \mathrm{d}s \\ &\leqslant \mathrm{e}^{t\Delta} n_0 - \chi_1 \int_0^t \mathrm{e}^{(t-s)\Delta} \nabla \cdot \left(n \frac{\nabla c}{c} \right) \mathrm{d}s + \mu_1 \int_0^t \mathrm{e}^{(t-s)\Delta} n \mathrm{d}s \end{aligned} \tag{3.4.10}$$

结合式（3.4.10）、引理 3.3.1、式（3.2.1）、引理 3.2.4、式（3.4.3）和式（3.4.9），对于$p=2$，对任意$t \in (0,T)$，有

$$\begin{aligned} &\|n\|_{L^\infty(\Omega)} \\ &\leqslant \|n_0\|_{L^\infty(\Omega)} + C_6 \chi_1 \int_0^t [1 + (t-s)^{-\frac{3}{4}}] \mathrm{e}^{-\lambda(t-s)} \left\| n \frac{\nabla c}{c} \right\|_{L^2(\Omega)} \mathrm{d}s + \\ &\quad C_6 \mu_1 \int_0^t [1 + (t-s)^{-\frac{1}{2}}] \mathrm{e}^{-\lambda(t-s)} \|n - \overline{n}\|_{L^1(\Omega)} \mathrm{d}s + \frac{\mu_1 m}{|\Omega|} t \\ &\leqslant \|n_0\|_{L^\infty(\Omega)} + C_6 \chi_1 \frac{\mathrm{e}^{C_3(1+t)}}{\|c_0\|_{L^\infty(\Omega)} \mathrm{e}^{-C_3(1+t)}} \int_0^t [1 + (t-s)^{-\frac{3}{4}}] \mathrm{e}^{-\lambda(t-s)} \|n\|_{L^2(\Omega)} \|\nabla c\|_{L^\infty(\Omega)} \mathrm{d}s + \\ &\quad 2\mu_1 C_6 m_1 \int_0^\infty [1 + (t-s)^{-\frac{1}{2}}] \mathrm{e}^{-\lambda(t-s)} \mathrm{d}s + \frac{\mu_1 m}{|\Omega|} t \\ &\leqslant C_7 \left(1 + \frac{\mathrm{e}^{C_3(1+t)}}{\|c_0\|_{L^\infty(\Omega)}} \right) \left(1 + t + \int_0^t \left(\frac{\mathrm{e}^{C_3(1+s)}}{\|c_0\|_{L^\infty(\Omega)}} \right)^{\frac{2(\gamma+1)}{\gamma-1}} \mathrm{d}s \right) \end{aligned} \tag{3.4.11}$$

其中，$\overline{n} := \frac{1}{|\Omega|} \int_\Omega n \mathrm{d}x$。

同理可证，对任意$t \in (0,T)$，有

$$\|v\|_{L^\infty(\Omega)} \leqslant C_8 \left(1 + \frac{\mathrm{e}^{C_3(1+t)}}{\|c_0\|_{L^\infty(\Omega)}} \right) \left(1 + t + \int_0^t \left(\frac{\mathrm{e}^{C_3(1+s)}}{\|c_0\|_{L^\infty(\Omega)}} \right)^{\frac{2(\gamma+1)}{\gamma-1}} \mathrm{d}s \right) \tag{3.4.12}$$

结合引理 3.2.4、式（3.4.9）、式（3.4.11）、式（3.4.12）及引理 3.2.1，定理 3.4.1 得证。 □

3.5 本章小结

本章讨论的初边值问题中的奇异灵敏度函数$\frac{\chi_i}{c}$（$i=1,2$）[该函数来自广泛存在的 Weber-Fechner（韦伯–费克纳）定律，一些资料已经证实了 Weber-Fechner 定律关于细菌趋化性的有效性描述］是对刺激的生物反应的近似描述。奇异灵敏度函数表明，引起反应所需的环境因素或刺激的最小变化与化学物质浓度成正比。同时本模型把 logistics 源中的指数$\alpha=2$、$\beta=2$推广到更一般的情况$\alpha>1$。本章讨论了该模型的整体解是存在的，但是没有讨论系统解的渐进稳定性。不过因为没有考虑竞争条件，可以猜测包含一个物种的趋化系统和包含两个物种的趋化系统的渐进稳定性结论之间的差别应该是不大的。

第4章　具有非线性扩散的双物种趋化系统的整体存在性和有界性

4.1　非线性扩散的双物种趋化系统的研究现状

第 3 章中讨论了线性扩散的且没有竞争关系的双物种趋化系统的解的情况。许多学者也研究了线性扩散的且有竞争关系的双物种趋化系统的解的性质

$$\begin{cases} n_t = d_1\Delta n - \nabla\cdot(n\chi_1(c)\nabla c) + \mu_1 n(1-n-a_1 v), & x\in\Omega, t>0 \\ v_t = d_2\Delta v - \nabla\cdot(v\chi_2(c)\nabla c) + \mu_2 v(1-a_2 n - v), & x\in\Omega, t>0 \\ c_t = d_3\Delta c - (\alpha n+\beta v)c, & x\in\Omega, t>0 \\ \dfrac{\partial n}{\partial \boldsymbol{\upsilon}} = \dfrac{\partial v}{\partial \boldsymbol{\upsilon}} = \dfrac{\partial c}{\partial \boldsymbol{\upsilon}} = 0, & x\in\partial\Omega, t>0 \\ n(x,0)=n_0(x), v(x,0)=v_0(x), c(x,0)=c_0(x), & x\in\Omega \end{cases}$$

其中 n, v, c 的意义和模型（3.1.2）中一致，$d_i>0$（$i=1,2,3$），$\mu_i, a_i>0$（$i=1,2$），趋化灵敏度函数 $\chi_i(c)$（$i=1,2$）是光滑的，$\alpha, \beta>0$。该模型存在唯一的整体有界经典解，并且是渐进稳定的[4]。

本章将讨论在具有光滑边界的有界区域 $\Omega\subset\mathbb{R}^3$ 上，当物种 n 和 v 的物种扩散系数分别为 $D_n(n,c)=mn^{m-1}$ 和 $D_v(v,c)=lv^{l-1}$，具有竞争关系的 logistic 源分别为 $H_1(n,v)=\mu_1 n(1-n-a_1 v)$ 和 $H_2(n,v)=\mu_2 n(1-a_2 n-v)$ 时，下列双物种趋化方程组的初边值问题解的性质为

$$\begin{cases} n_t = \Delta n^m - \nabla\cdot(n\chi_1(c)\nabla c) + \mu_1 n(1-n-a_1 v), & x\in\Omega, t>0 \\ v_t = \Delta v^l - \nabla\cdot(v\chi_2(c)\nabla c) + \mu_2 v\big(1-a_2 n - v\big), & x\in\Omega, t>0 \\ c_t = \Delta c - (\alpha n+\beta v)c, & x\in\Omega, t>0 \\ (\nabla n^m - n\chi_1(c)\nabla c)\cdot\boldsymbol{\upsilon} = (\nabla v^l - v\chi_2(c)\nabla c)\cdot\boldsymbol{\upsilon} = \nabla c\cdot\boldsymbol{\upsilon} = 0, & x\in\partial\Omega, t>0 \\ n(x,0)=n_0(x), v(x,0)=v_0(x), c(x,0)=c_0(x), & x\in\Omega \end{cases} \tag{4.1.1}$$

其中$m,\ l>1$，$\mu_1,\ \mu_2>0$，$a_1,\ a_2>0$，$\alpha,\ \beta>0$。函数$n=n(x,t)$、$v=v(x,t)$代表两个未知物种的密度，$c=c(x,t)$代表化学物质的浓度。$\chi_i(c)$（$i=1,2$）代表化学物质浓度变化引起的聚集的趋化灵敏度函数，$\mu_1 n(1-n-a_1 v)$和$\mu_2 v(1-a_2 n-v)$分别代表两个物种的增殖和死亡，$-(\alpha n+\beta v)c$代表化学物质消耗。

在本章中假设初始值满足

$$\begin{cases} n_0,v_0,c_0\in C^{2+\gamma}(\bar{\Omega}),\ \gamma\in(0,1) \\ n_0,v_0,c_0\geqslant 0,\ n_0,v_0,c_0\not\equiv 0,\ x\in\bar{\Omega} \\ \dfrac{\partial n_0}{\partial \boldsymbol{\upsilon}}=\dfrac{\partial v_0}{\partial \boldsymbol{\upsilon}}=\dfrac{\partial c_0}{\partial \boldsymbol{\upsilon}}=0,\ x\in\partial\Omega \end{cases} \tag{4.1.2}$$

趋化灵敏度函数χ_i（$i=1,2$）满足以下条件

$$\chi_i\in C^1([0,\infty))，\quad \chi_i'\geqslant 0 \tag{4.1.3}$$

4.2 预备知识

定义 4.2.1 如果对任意$T>0$，$n\geqslant 0$，$v\geqslant 0$，$c\geqslant 0$，满足

$$\begin{cases} n\in L^2(Q_T),\nabla n^m\in L^2(Q_T) \\ v\in L^2(Q_T),\nabla v^l\in L^2(Q_T) \\ c\in W_2^{1,0}(Q_T) \end{cases}$$

且对任意$\varphi\in C^\infty(\bar{Q}_T)$，$\left.\dfrac{\partial\varphi}{\partial\boldsymbol{\upsilon}}\right|_{\partial\Omega}=0$，$\varphi(x,T)=0$，有

$$-\iint_{Q_T} n\varphi_t\mathrm{d}x\mathrm{d}t-\int_\Omega n(x,0)\varphi(x,0)\mathrm{d}x+\iint_{Q_T}[\nabla n^m-\chi_1(c)n\nabla c]\nabla\varphi\mathrm{d}x\mathrm{d}t$$
$$=\mu_1\iint_{Q_T} n(1-n-a_1v)\varphi\mathrm{d}x\mathrm{d}t\ ,$$
$$-\iint_{Q_T} v\varphi_t\mathrm{d}x\mathrm{d}t-\int_\Omega v(x,0)\varphi(x,0)\mathrm{d}x+\iint_{Q_T}[\nabla v^l-\chi_2(c)v\nabla c]\nabla\varphi\mathrm{d}x\mathrm{d}t$$
$$=\mu_2\iint_{Q_T} v(1-a_2n-v)\varphi\mathrm{d}x\mathrm{d}t\ ,$$
$$-\iint_{Q_T} c\varphi_t\mathrm{d}x\mathrm{d}t-\int_\Omega c(x,0)\varphi(x,0)\mathrm{d}x+\iint_{Q_T}\nabla c\nabla\varphi\mathrm{d}x\mathrm{d}t+\iint_{Q_T}(\alpha n+\beta v)c\mathrm{d}x\mathrm{d}t=0$$

成立，则称(n,v,c)是初边值问题（4.1.1）在Q_T上的一个弱解。

引理 4.2.1[5]　设$T>0$，$\tau\in(0,T)$，$a>0$，$b>0$，假设y：$[0,T)\to[0,\infty)$是绝对连续的且满足

$$y'(t)+ay(t)\leqslant h(t),\quad t\in[0,T)$$

其中$h\geqslant 0$，$h(t)\in L^1_{\text{loc}}([0,T))$且对任意$t\in(\tau,T)$，有

$$\int_{t-\tau}^{t}h(s)\mathrm{d}s\leqslant b$$

则对任意$t\in[0,T)$，有

$$y(t)\leqslant\max\left\{y(0)+b,\frac{b}{a\tau}+2b\right\}$$

引理 4.2.2[6]　设$T>0$，$\tau\in(0,T)$，$\sigma\geqslant 0$，$a>0$，$b\geqslant 0$，假设f：$[0,T)\to[0,\infty)$是绝对连续函数且满足

$$f'(t)+af^{1+\sigma}(t)\leqslant h(t)，\quad t\in[0,T)$$

其中$h\geqslant 0$，$h(t)\in L^1_{\text{loc}}([0,T))$且对任意$t\in(\tau,T)$，满足

$$\int_{t-\tau}^{t}h(s)\mathrm{d}s\leqslant b$$

则

$$\sup_{t\in(0,T)}f(t)+a\sup_{t\in(\tau,T)}\int_{t-\tau}^{t}f^{1+\sigma}(s)\mathrm{d}s\leqslant b+2\max\left\{f(0)+b+a\tau,\frac{b}{a\tau}+1+2b+2a\tau\right\}$$

引理 4.2.3[7]　设$p>1$，$n_0\in W^{2,p}(\Omega)$，$f\in L^p_{\text{loc}}((0,\infty);L^p(\Omega))$且存在$A>0$，使得

$$\sup_{t\in(\tau,\infty)}\int_{t-\tau}^{t}\|f\|_{L^p(\Omega)}^p\,\mathrm{d}s\leqslant A$$

其中$\tau>0$是一个给定的常数。则下列方程组

$$\begin{cases}n_t-\Delta n+n=f(x,t)\\ \left.\dfrac{\partial n}{\partial \upsilon}\right|_{\partial\Omega}=0\\ n(x,0)=n_0(x)\end{cases}$$

存在唯一的解n且满足$n\in L^p_{\text{loc}}((0,\infty);W^{2,p}(\Omega))$，$n_t\in L^p_{\text{loc}}((0,\infty);L^p(\Omega))$，且存在与$\tau$无关的常数$M$，使得

$$\sup_{t\in(\tau,\infty)}\int_{t-\tau}^{t}(\|n\|_{W^{2,p}(\Omega)}^{p}+\|n_t\|_{L^p(\Omega)}^{p})\mathrm{d}s\leqslant AM\frac{\mathrm{e}^{p\tau}}{\mathrm{e}^{\frac{p}{2}\tau}-1}+M\mathrm{e}^{\frac{p}{2}\tau}\|n_0\|_{W^{2,p}(\Omega)}^{p}$$

4.3 非线性扩散的双物种趋化系统的正则化

初边值问题（4.1.1）在 $n=0$ 和 $v=0$ 处的退化导致经典抛物正则性理论失效。为了克服这个困难，首先考虑以下的初边值问题（逼近问题）

$$\begin{cases}n_{\varepsilon t}=\Delta[(n_\varepsilon^2+\varepsilon)^{\frac{m-1}{2}}n_\varepsilon]-\nabla\cdot[n_\varepsilon\chi_1(c_\varepsilon)\nabla c_\varepsilon]+\mu_1 n_\varepsilon(1-n_\varepsilon-a_1v_\varepsilon), & x\in\Omega,t>0\\ v_{\varepsilon t}=\Delta[(v_\varepsilon^2+\varepsilon)^{\frac{l-1}{2}}v_\varepsilon]-\nabla\cdot[v_\varepsilon\chi_2(c_\varepsilon)\nabla c_\varepsilon]+\mu_2 v_\varepsilon(1-a_2n_\varepsilon-v_\varepsilon), & x\in\Omega,t>0\\ c_{\varepsilon t}=\Delta c_\varepsilon-(\alpha n_\varepsilon+\beta v_\varepsilon)c_\varepsilon, & x\in\Omega,t>0\\ \dfrac{\partial n_\varepsilon}{\partial \upsilon}=\dfrac{\partial v_\varepsilon}{\partial \upsilon}=\dfrac{\partial c_\varepsilon}{\partial \upsilon}=0, & x\in\partial\Omega,t>0\\ n_\varepsilon(x,0)=n_0(x),v_\varepsilon(x,0)=v_0(x),c_\varepsilon(x,0)=c_0(x), & x\in\Omega\end{cases}\tag{4.3.1}$$

从初边值问题（4.3.1）经典解的局部存在性开始，由不动点定理，可以证得初边值问题（4.3.1）经典解的如下局部存在性结论。

引理 4.3.1 假设条件［式（4.1.2）和式（4.1.3）］成立，则存在 $T_{\max,\varepsilon}\in(0,\infty]$ 及唯一的函数组 $(n_\varepsilon,v_\varepsilon,c_\varepsilon)\in C^{2+\gamma,1+\frac{\gamma}{2}}[\bar{\Omega}\times[0,T_{\max,\varepsilon})]$，且

$$n_\varepsilon\geqslant 0,\ v_\varepsilon\geqslant 0,\ c_\varepsilon\geqslant 0,\ (x,t)\in\Omega\times(0,T_{\max,\varepsilon})$$

为初边值问题（4.3.1）的经典解。若 $T_{\max,\varepsilon}<\infty$，则当 $t\to T_{\max,\varepsilon}$ 时，有

$$\|n_\varepsilon(\cdot,t)\|_{L^\infty(\Omega)}+\|v_\varepsilon(\cdot,t)\|_{L^\infty(\Omega)}+\|c_\varepsilon(\cdot,t)\|_{W^{1,\infty}(\Omega)}\to\infty$$

接下来我们将证明，对于任意 $\varepsilon>0$，初边值问题（4.3.1）的解的整体存在性。首先需要给出一系列 $(n_\varepsilon,v_\varepsilon,c_\varepsilon)$ 的估计。在本章后续部分中，为方便叙述，记 $\tau=\min\{1,T_{\max,\varepsilon}\}$。

引理 4.3.2 假设条件［式（4.1.2）和式（4.1.3）］成立。设 $(n_\varepsilon,v_\varepsilon,c_\varepsilon)$ 是初边值问题（4.3.1）的经典解，则存在与 $T_{\max,\varepsilon}$，τ，ε 无关的常数 C_i（$i=1,2,3$），使得

$$\|c_\varepsilon\|_{L^\infty(\Omega)}\leqslant\|c_0\|_{L^\infty(\Omega)},\quad t\in(0,T_{\max,\varepsilon})\tag{4.3.2}$$

$$\sup_{t\in(0,T_{\max,\varepsilon})}\|n_\varepsilon(\cdot,t)\|_{L^1(\Omega)}+\sup_{t\in(\tau,T_{\max,\varepsilon})}\int_{t-\tau}^{t}\int_\Omega n_\varepsilon^2\mathrm{d}x\mathrm{d}s\leqslant C_1 \tag{4.3.3}$$

$$\sup_{t\in(0,T_{\max,\varepsilon})}\|v_\varepsilon(\cdot,t)\|_{L^1(\Omega)}+\sup_{t\in(\tau,T_{\max,\varepsilon})}\int_{t-\tau}^{t}\int_\Omega v_\varepsilon^2\mathrm{d}x\mathrm{d}s\leqslant C_2 \tag{4.3.4}$$

$$\sup_{t\in(\tau,T_{\max,\varepsilon})}\int_{t-\tau}^{t}\|c_\varepsilon\|_{W^{2,2}(\Omega)}^2\mathrm{d}s\leqslant C_3 \tag{4.3.5}$$

证明　由比较定理，式（4.3.2）得证。

对初边值问题（4.3.1）的第一个方程关于空间变量积分，并应用 Young（杨）不等式可得，对任意 $t\in(0,T_{\max,\varepsilon})$，有

$$\begin{aligned}\frac{\mathrm{d}}{\mathrm{d}t}\int_\Omega n_\varepsilon\mathrm{d}x+\mu_1\int_\Omega n_\varepsilon^2\mathrm{d}x&\leqslant\mu_1\int_\Omega n_\varepsilon\mathrm{d}x\\&\leqslant\frac{\mu_1}{2}\int_\Omega n_\varepsilon^2\mathrm{d}x+\frac{\mu_1}{2}|\Omega|\end{aligned}$$

即

$$\frac{\mathrm{d}}{\mathrm{d}t}\int_\Omega n_\varepsilon\mathrm{d}x+\frac{\mu_1}{2}\int_\Omega n_\varepsilon^2\mathrm{d}x\leqslant\frac{\mu_1}{2}|\Omega|$$

结合 Hölder（霍德尔）不等式

$$\left(\int_\Omega n_\varepsilon\mathrm{d}x\right)^2\leqslant\int_\Omega n_\varepsilon^2\mathrm{d}x|\Omega|^2$$

可得

$$\frac{\mathrm{d}}{\mathrm{d}t}\int_\Omega n_\varepsilon\mathrm{d}x+\frac{\mu_1}{2|\Omega|^2}\left(\int_\Omega n_\varepsilon\mathrm{d}x\right)^2\leqslant\frac{\mu_1}{2}|\Omega|$$

因为对任意 $t\in(\tau,T_{\max,\varepsilon})$，$\tau\leqslant1$，都有

$$\int_{t-\tau}^{t}|\Omega|\mathrm{d}s=|\Omega|\tau\leqslant|\Omega|$$

由引理 4.2.2 可知，存在 $C_1>0$，使得

$$\sup_{t\in(0,T_{\max,\varepsilon})}\|n_\varepsilon(\cdot,t)\|_{L^1(\Omega)}+\sup_{t\in(\tau,T_{\max,\varepsilon})}\int_{t-\tau}^{t}\int_\Omega n_\varepsilon^2\mathrm{d}x\mathrm{d}s\leqslant C_1(|\Omega|,\mu_1,\int_\Omega n_0\mathrm{d}x)$$

即式（4.3.3）成立。

同理，存在 $C_2:=C_2(|\Omega|,\mu_2,\int_\Omega v_0\mathrm{d}x)$ 使得式（4.3.4）成立。

将初边值问题（4.3.1）的第三个方程变形为

$$c_{\varepsilon t}-\Delta c_{\varepsilon}+c_{\varepsilon}=c_{\varepsilon}-(\alpha n_{\varepsilon}+\beta v_{\varepsilon})c_{\varepsilon}$$

结合式（4.3.2）～ 式（4.3.4）和 Minkowski（闵可夫斯基）不等式，可得

$$\begin{aligned}&\sup_{t\in(\tau,T_{\max,\varepsilon})}\int_{t-\tau}^{t}\left\|c_{\varepsilon}-(\alpha n_{\varepsilon}+\beta v_{\varepsilon})c_{\varepsilon}\right\|_{L^{2}(\Omega)}^{2}\mathrm{d}s\\&\leqslant\sup_{t\in(\tau,T_{\max,\varepsilon})}\int_{t-\tau}^{t}\left\|c_{\varepsilon}\right\|_{L^{2}(\Omega)}^{2}+(\alpha\left\|n_{\varepsilon}\right\|_{L^{2}(\Omega)}^{2}+\beta\left\|v_{\varepsilon}\right\|_{L^{2}(\Omega)}^{2})\left\|c_{\varepsilon}\right\|_{L^{\infty}(\Omega)}^{2}\mathrm{d}s\\&\leqslant A(\left\|c_{0}\right\|_{L^{\infty}(\Omega)},\alpha,\beta,C_{1},C_{2})\end{aligned}$$

由引理 4.2.3 可知，存在常数 $C_3>0$，使得

$$\begin{aligned}\sup_{t\in(\tau,T_{\max,\varepsilon})}\int_{t-\tau}^{t}\left\|c_{\varepsilon}\right\|_{W^{2,2}(\Omega)}^{2}\mathrm{d}s&\leqslant AM\frac{\mathrm{e}^{2\tau}}{\mathrm{e}^{\tau}-1}+M\mathrm{e}^{\tau}\left\|c_{0}\right\|_{W^{2,2}(\Omega)}^{2}\\&\leqslant AM\mathrm{e}^{2}+M\mathrm{e}^{2}\left\|c_{0}\right\|_{W^{2,2}(\Omega)}^{2}=C_{3}\end{aligned}$$

即式（4.3.5）成立。 □

引理 4.3.3 设条件［式（4.1.2）和式（4.1.3）］成立，$(n_{\varepsilon},v_{\varepsilon},c_{\varepsilon})$ 是初边值问题（4.3.1）的经典解，则对于任意 $k\in\mathbb{N}$，存在与 $T_{\max,\varepsilon}$，τ，ε 无关、与 k 有关的常数 $C_k,C'_k,\overline{C_k},\overline{C'_k}$，使得

$$\sup_{t\in(0,T_{\max,\varepsilon})}\left\|n_{\varepsilon}(\cdot,t)\right\|_{L^{2m^{k}-1}(\Omega)}^{2m^{k}-1}+\sup_{t\in(0,T_{\max,\varepsilon})}\int_{t-\tau}^{t}\left(\int_{\Omega}n_{\varepsilon}^{m+2m^{k}-4}\left|\nabla n_{\varepsilon}\right|^{2}\mathrm{d}x+\int_{\Omega}n_{\varepsilon}^{2m^{k}}\mathrm{d}x\right)\mathrm{d}s\leqslant C_{k}\tag{4.3.6}$$

$$\sup_{t\in(0,T_{\max,\varepsilon})}\left\|v_{\varepsilon}(\cdot,t)\right\|_{L^{2l^{k}-1}(\Omega)}^{2l^{k}-1}+\sup_{t\in(0,T_{\max,\varepsilon})}\int_{t-\tau}^{t}\left(\int_{\Omega}v_{\varepsilon}^{l+2l^{k}-4}\left|\nabla v_{\varepsilon}\right|^{2}\mathrm{d}x+\int_{\Omega}v_{\varepsilon}^{2l^{k}}\mathrm{d}x\right)\mathrm{d}s\leqslant C'_{k}\tag{4.3.7}$$

$$\sup_{t\in(\tau,T_{\max,\varepsilon})}\int_{t-\tau}^{t}\left(\left\|c_{\varepsilon}\right\|_{W^{2,2m^{k}}(\Omega)}^{2m^{k}}+\left\|c_{\varepsilon t}\right\|_{L^{2m^{k}}(\Omega)}^{2m^{k}}\right)\mathrm{d}s\leqslant\overline{C_{k}}$$

$$\sup_{t\in(\tau,T_{\max,\varepsilon})}\int_{t-\tau}^{t}\left(\left\|c_{\varepsilon}\right\|_{W^{2,2l^{k}}(\Omega)}^{2l^{k}}+\left\|c_{\varepsilon t}\right\|_{L^{2l^{k}}(\Omega)}^{2l^{k}}\right)\mathrm{d}s\leqslant\overline{C}'_{k}$$

证明 选取任意 $r>0$，对初边值问题（4.3.1）的第一个方程乘以 n_{ε}^{r}，然后在 Ω 上分部积分，对任意 $t\in(0,T_{\max,\varepsilon})$，有

$$\begin{aligned}&\frac{1}{r+1}\frac{\mathrm{d}}{\mathrm{d}t}\int_{\Omega}n_{\varepsilon}^{r+1}\mathrm{d}x+r\int_{\Omega}n_{\varepsilon}^{m+r-2}\left|\nabla n_{\varepsilon}\right|^{2}\mathrm{d}x+\mu_{1}\int_{\Omega}n_{\varepsilon}^{r+2}\mathrm{d}x\\&\leqslant r\int_{\Omega}\chi_{1}(c_{\varepsilon})n_{\varepsilon}^{r}\nabla n_{\varepsilon}\nabla c_{\varepsilon}\mathrm{d}x+\mu_{1}\int_{\Omega}n_{\varepsilon}^{r+1}\mathrm{d}x\end{aligned}$$

$$\leqslant \frac{r}{2}\int_\Omega n_\varepsilon^{m+r-2}|\nabla n_\varepsilon|^2\,\mathrm{d}x + \frac{\mu_1}{2}\int_\Omega n_\varepsilon^{r+2}\mathrm{d}x + \frac{r}{2}\int_\Omega \chi_1^2(c_\varepsilon)n_\varepsilon^{r+2-m}|\nabla c_\varepsilon|^2\,\mathrm{d}x + C$$

其中C在不同的位置表示不同的常数。化简上式得到

$$\frac{1}{r+1}\frac{\mathrm{d}}{\mathrm{d}t}\int_\Omega n_\varepsilon^{r+1}\mathrm{d}x + \frac{r}{2}\int_\Omega n_\varepsilon^{m+r-2}|\nabla n_\varepsilon|^2\,\mathrm{d}x + \frac{\mu_1}{2}\int_\Omega n_\varepsilon^{r+2}\mathrm{d}x$$

$$\leqslant \frac{r}{2}\int_\Omega \chi_1^2(c_\varepsilon)n_\varepsilon^{r+2-m}|\nabla c_\varepsilon|^2\,\mathrm{d}x + C \tag{4.3.8}$$

由 Gagliardo-Nirenberg（加利亚尔多–尼伦伯格）不等式和式（4.3.2），对任意$k\in\mathbb{N}$，$t\in(\tau,T_{\max,\varepsilon})$，有

$$\int_{t-\tau}^t \|\nabla c_\varepsilon\|_{L^{4m^k}(\Omega)}^{4m^k}\mathrm{d}s \leqslant C\int_{t-\tau}^t (\|\Delta c_\varepsilon\|_{L^{2m^k}(\Omega)}^{2m^k}\|c_\varepsilon\|_{L^\infty(\Omega)}^{2m^k} + \|c_\varepsilon\|_{L^\infty(\Omega)}^{4m^k})\mathrm{d}s$$

$$\leqslant C(m,k,\Omega,\|c_0\|_{L^\infty(\Omega)})(1+\int_{t-\tau}^t \|\Delta c_\varepsilon\|_{L^{2m^k}(\Omega)}^{2m^k}\mathrm{d}s) \tag{4.3.9}$$

在式（4.3.8）中代入$r=2(m-1)$，根据式（4.1.3）和式（4.3.2），结合 Young（杨）不等式可知，在$(0,T_{\max,\varepsilon})$上，有

$$\frac{1}{2m-1}\frac{\mathrm{d}}{\mathrm{d}t}\int_\Omega n_\varepsilon^{2m-1}\mathrm{d}x + (m-1)\int_\Omega n_\varepsilon^{3m-4}|\nabla n_\varepsilon|^2\,\mathrm{d}x + \frac{\mu_1}{2}\int_\Omega n_\varepsilon^{2m}\mathrm{d}x$$

$$\leqslant (m-1)\int_\Omega \chi_1^2(c_\varepsilon)n_\varepsilon^{m}|\nabla c_\varepsilon|^2\,\mathrm{d}x + C$$

$$\leqslant \frac{\mu_1}{4}\int_\Omega n_\varepsilon^{2m}\mathrm{d}x + C\int_\Omega |\nabla c_\varepsilon|^4\,\mathrm{d}x + C$$

整理得

$$\frac{\mathrm{d}}{\mathrm{d}t}\int_\Omega n_\varepsilon^{2m-1}\mathrm{d}x + \int_\Omega n_\varepsilon^{3m-4}|\nabla n_\varepsilon|^2\,\mathrm{d}x + \int_\Omega n_\varepsilon^{2m}\mathrm{d}x + \int_\Omega n_\varepsilon^{2m-1}\mathrm{d}x$$

$$\leqslant C\int_\Omega |\nabla c_\varepsilon|^4\mathrm{d}x + C$$

在式（4.3.9）中令$k=0$，结合式（4.3.5）和引理 4.2.1，可得

$$\sup_{t\in(0,T_{\max,\varepsilon})}\|n_\varepsilon\|_{L^{2m-1}(\Omega)}^{2m-1} + \sup_{t\in(\tau,T_{\max,\varepsilon})}\int_{t-\tau}^t (\int_\Omega n_\varepsilon^{3m-4}|\nabla n_\varepsilon|^2\,\mathrm{d}x + \int_\Omega n_\varepsilon^{2m}\mathrm{d}x)\mathrm{d}s \leqslant C_1$$

同理可得

$$\sup_{t\in(0,T_{\max,s})}\|v_\varepsilon\|_{L^{2l-1}(\Omega)}^{2l-1} + \sup_{t\in(\tau,T_{\max,\varepsilon})}\int_{t-\tau}^t (\int_\Omega v_\varepsilon^{3l-4}|\nabla v_\varepsilon|^2\,\mathrm{d}x + \int_\Omega v_\varepsilon^{2l}\mathrm{d}x)\mathrm{d}s \leqslant C_1'$$

接下来，使用迭代方法证明式（4.3.6）和式（4.3.7）。假设当$i\in\mathbb{N}_+$时，下面两个不等式成立

$$\sup_{t\in(0,T_{\max,\varepsilon})}\|n_\varepsilon\|_{L^{2m^i-1}(\Omega)}^{2m^i-1}+\sup_{t\in(\tau,T_{\max,\varepsilon})}\int_{t-\tau}^{t}\left(\int_\Omega n_\varepsilon^{m+2m^i-4}|\nabla n_\varepsilon|^2\mathrm{d}x+\int_\Omega n_\varepsilon^{2m^i}\mathrm{d}x\right)\mathrm{d}s\leqslant C_i \tag{4.3.10}$$

$$\sup_{t\in(0,T_{\max,\varepsilon})}\|v_\varepsilon\|_{L^{2l^i-1}(\Omega)}^{2l^i-1}+\sup_{t\in(\tau,T_{\max,\varepsilon})}\int_{t-\tau}^{t}\left(\int_\Omega v_\varepsilon^{l+2l^i-4}|\nabla v_\varepsilon|^2\mathrm{d}x+\int_\Omega v_\varepsilon^{2l^i}\mathrm{d}x\right)\mathrm{d}s\leqslant C_i' \tag{4.3.11}$$

下面证明$i+1\in\mathbb{N}_+$时式（4.3.10）和式（4.3.11）成立。对n_ε，$v_\varepsilon\geqslant 0$，对方程组（4.3.1）的第三个方程应用引理 4.2.3 和式（4.3.2），可得

$$\sup_{t\in(\tau,T_{\max,\varepsilon})}\int_{t-\tau}^{t}\left(\|c_\varepsilon\|_{W^{2,2m^i}(\Omega)}^{2m^i}+\|c_{\varepsilon t}\|_{L^{2m^i}(\Omega)}^{2m^i}\right)\mathrm{d}s\leqslant\overline{C_i} \tag{4.3.12}$$

$$\sup_{t\in(\tau,T_{\max,s})}\int_{t-\tau}^{t}\left(\|c_\varepsilon\|_{W^{2,2l^i}(\Omega)}^{2l^i}+\|c_{\varepsilon t}\|_{L^{2l^i}(\Omega)}^{2l^i}\right)\mathrm{d}s\leqslant\overline{C_i'} \tag{4.3.13}$$

令式（4.3.8）中的$r=2m^{i+1}-2$，则在$t\in(0,T_{\max,\varepsilon})$上，有

$$\begin{aligned}&\frac{1}{2m^{i+1}-1}\frac{\mathrm{d}}{\mathrm{d}t}\int_\Omega n_\varepsilon^{2m^{i+1}-1}\mathrm{d}x+(m^{i+1}-1)\int_\Omega n_\varepsilon^{m+2m^{i+1}-4}|\nabla n_\varepsilon|^2\mathrm{d}x+\frac{\mu_1}{2}\int_\Omega n_\varepsilon^{2m^{i+1}}\mathrm{d}x\\&\leqslant(m^{i+1}-1)\int_\Omega\chi_1^2(c_\varepsilon)n_\varepsilon^{2m^{i+1}-m}|\nabla c_\varepsilon|^2\mathrm{d}x+C\\&\leqslant C\int_\Omega|\nabla c_\varepsilon|^{4m^i}\mathrm{d}x+\frac{\mu_1}{4}\int_\Omega n_\varepsilon^{2m^{i+1}}\mathrm{d}x+C\end{aligned}$$

整理得

$$\begin{aligned}&\frac{\mathrm{d}}{\mathrm{d}t}\int_\Omega n_\varepsilon^{2m^{i+1}-1}\mathrm{d}x+\int_\Omega n_\varepsilon^{m+2m^{i+1}-4}|\nabla n_\varepsilon|^2\mathrm{d}x+\int_\Omega n_\varepsilon^{2m^{i+1}}\mathrm{d}x+\int_\Omega n_\varepsilon^{2m^{i+1}-1}\mathrm{d}x\\&\leqslant C\int_\Omega|\nabla c_\varepsilon|^{4m^i}\mathrm{d}x+C,\quad t\in(0,T_{\max,\varepsilon})\end{aligned}$$

结合式（4.3.9）、式（4.3.12）和引理 4.2.1，直接计算可得

$$\sup_{t\in(0,T_{\max,\varepsilon})}\|n_\varepsilon(\cdot,t)\|_{L^{2m^{i+1}-1}(\Omega)}^{2m^{i+1}-1}+\sup_{t\in(\tau,T_{\max,\varepsilon})}\int_{t-\tau}^{t}\left(\int_\Omega n_\varepsilon^{m+2m^{i+1}-4}|\nabla n_\varepsilon|^2\mathrm{d}x+\int_\Omega n_\varepsilon^{2m^{i+1}}\mathrm{d}x\right)\mathrm{d}s\leqslant C_{i+1}$$

类似有

$$\sup_{t\in(0,T_{\max,\varepsilon})}\|v_\varepsilon(\cdot,t)\|_{L^{2l^{i+1}-1}(\Omega)}^{2l^{i+1}-1}+\sup_{t\in(\tau,T_{\max,\varepsilon})}\int_{t-\tau}^{t}\left(\int_\Omega v_\varepsilon^{l+2l^{i+1}-4}|\nabla v_\varepsilon|^2\mathrm{d}x+\int_\Omega v_\varepsilon^{2l^{i+1}}\mathrm{d}x\right)\mathrm{d}s\leqslant C'_{i+1}$$

由数学归纳法可知，对任意$k\in\mathbb{N}_+$，式（4.3.6）和式（4.3.7）都成立。□

引理 4.3.4　设条件［式（4.1.2）和式（4.1.3）］成立，假设$(n_\varepsilon,v_\varepsilon,c_\varepsilon)$是初边值问题（4.3.1）的经典解，则存在与$T_{\max,\varepsilon},\varepsilon$无关的常数$C>0$，使得

$$\sup_{t\in(0,T_{\max,\varepsilon})}(\|n_\varepsilon(\cdot,t)\|_{L^\infty(\Omega)}+\|v_\varepsilon(\cdot,t)\|_{L^\infty(\Omega)}+\|c_\varepsilon(\cdot,t)\|_{W^{1,\infty}(\Omega)})\leqslant C$$

证明 在引理 4.3.3 中选取适当大的 k 使得 $2m^k\geqslant 10$，根据 t 向异性嵌入定理可知，存在常数 $C_0>0$，使

$$\|c_\varepsilon\|_{C^{\frac{3}{2},\frac{3}{4}}(Q_\tau(t))}\leqslant C_0\sup_{t\in(\tau,T_{\max,\varepsilon})}\|c_\varepsilon\|_{W_{10}^{2,1}(Q_\tau(t))}$$

其中 $Q_\tau(t)=\Omega\times(t-\tau,t)$，它表明

$$\sup_{t\in(0,T_{\max,\varepsilon})}\|c_\varepsilon\|_{W^{1,\infty}(\Omega)}\leqslant C_0' \tag{4.3.14}$$

对初边值问题（4.3.1）的第一个方程乘以 rn_ε^{r-1}，其中 $r\geqslant 3m$，然后在 Ω 上积分，利用条件式（4.1.3）、式（4.3.2）和式（4.3.14），在 $(0,T_{\max,\varepsilon})$，有

$$\begin{aligned}
&\frac{\mathrm{d}}{\mathrm{d}t}\int_\Omega n_\varepsilon^r\mathrm{d}x+r(r-1)\int_\Omega n_\varepsilon^{m+r-3}|\nabla n_\varepsilon|^2\mathrm{d}x+r\mu_1\int_\Omega n_\varepsilon^{r+1}\mathrm{d}x+\int_\Omega n_\varepsilon^r\mathrm{d}x\\
\leqslant{}& r(r-1)\int_\Omega \chi_1(c_\varepsilon)n_\varepsilon^{r-1}\nabla n_\varepsilon\nabla c_\varepsilon\mathrm{d}x+r\mu_1\int_\Omega n_\varepsilon^r\mathrm{d}x+\int_\Omega n_\varepsilon^r\mathrm{d}x\\
\leqslant{}&\frac{r(r-1)}{2}\int_\Omega(n_\varepsilon^{m+r-3}|\nabla n_\varepsilon|^2+\chi_1^2(c_\varepsilon)n_\varepsilon^{r+1-m}|\nabla c_\varepsilon|^2)\mathrm{d}x+(r\mu_1+1)\int_\Omega n_\varepsilon^r\mathrm{d}x\\
\leqslant{}&\frac{r(r-1)}{2}\int_\Omega n_\varepsilon^{m+r-3}|\nabla n_\varepsilon|^2\mathrm{d}x+C_1r^2\int_\Omega n_\varepsilon^{r+1-m}\mathrm{d}x+\frac{r\mu_1}{2}\int_\Omega n_\varepsilon^{r+1}\mathrm{d}x+C_1
\end{aligned}$$

由 $r\geqslant 3m$ 可知 $\dfrac{r(r-1)}{2}\geqslant\left(\dfrac{r+m-1}{2}\right)^2$，在 $(0,T_{\max,\varepsilon})$ 上可以将上式化简为

$$\begin{aligned}
&\frac{\mathrm{d}}{\mathrm{d}t}\int_\Omega n_\varepsilon^r\mathrm{d}x+\int_\Omega\left|\nabla n_\varepsilon^{\frac{r+m-1}{2}}\right|^2\mathrm{d}x+\frac{r\mu_1}{2}\int_\Omega n_\varepsilon^{r+1}\mathrm{d}x+\int_\Omega n_\varepsilon^r\mathrm{d}x\\
\leqslant{}& C_1r^2\int_\Omega n_\varepsilon^{r+1-m}\mathrm{d}x+C_1
\end{aligned}\tag{4.3.15}$$

根据 Gagliardo-Nirenberg（加利亚尔多–尼伦伯格）不等式和 Young（杨）不等式，在 $(0,T_{\max,\varepsilon})$ 上有

$$\begin{aligned}
&C_1r^2\|n_\varepsilon\|_{L^{r+1-m}(\Omega)}^{r+1-m}\\
={}&C_1r^2\left\|n_\varepsilon^{\frac{r+m-1}{2}}\right\|_{L^{\frac{2(r+1-m)}{r+m-1}}(\Omega)}^{\frac{2(r+1-m)}{r+m-1}}\\
\leqslant{}&C_2r^2\left\|\nabla n_\varepsilon^{\frac{r+m-1}{2}}\right\|_{L^2(\Omega)}^{\frac{2s(r+1-m)}{r+m-1}}\left\|n_\varepsilon^{\frac{r+m-1}{2}}\right\|_{L^{\frac{r}{m+r-1}}(\Omega)}^{\frac{2(1-s)(r+1-m)}{r+m-1}}+C_3r^2\left\|n_\varepsilon^{\frac{r+m-1}{2}}\right\|_{L^{\frac{r}{r+r-1}}(\Omega)}^{\frac{2(r+1-m)}{r+m-1}}\\
\leqslant{}&\frac{1}{2}\left\|\nabla n_\varepsilon^{\frac{r+m-1}{2}}\right\|_{L^2(\Omega)}^2+C_4r^{\frac{6(m-1)+5r}{6(m-1)+r}}\|n_\varepsilon\|_{L^{\frac{r}{2}}(\Omega)}^{\frac{r(2m+r-2)}{6m+r-6}}+C_3r^2\|n_\varepsilon\|_{L^{\frac{r}{2}}(\Omega)}^{r+1-m}
\end{aligned}$$

$$\leqslant \frac{1}{2}\left\|\nabla n_\varepsilon^{\frac{r+m-1}{2}}\right\|_{L^2(\Omega)}^2 + C_4 r^5 \|n_\varepsilon\|_{L^{\frac{r}{2}}(\Omega)}^{\frac{r(2m+r-2)}{6m+r-6}} + C_3 r^2 \|n_\varepsilon\|_{L^{\frac{r}{2}}(\Omega)}^{r+1-m}$$

其中 $s = \dfrac{m+r-1}{r+1-m}\cdot\dfrac{-3r-6+6m}{-5r+6-6m} \in (0,1)$。将上述不等式代入式（4.3.15），对任意 $t \in (0, T_{\max,\varepsilon})$，有

$$\frac{\mathrm{d}}{\mathrm{d}t}\int_\Omega n_\varepsilon^r \mathrm{d}x + \int_\Omega n_\varepsilon^r \mathrm{d}x$$
$$\leqslant C_4 r^5 \|n_\varepsilon\|_{L^{\frac{r}{2}}(\Omega)}^{\frac{r(2m+r-2)}{6m+r-6}} + C_3 r^2 \|n_\varepsilon\|_{L^{\frac{r}{2}}(\Omega)}^{r+1-m} + C_1 \tag{4.3.16}$$

由式（4.3.6）可知存在合适的 $k^* > 0$，使得 $2m^{k^*} - 1 > 3m$ 时，有

$$\sup_{t\in(0,T_{\max,\varepsilon})} \|n_\varepsilon\|_{L^{2m^{k^*}-1}(\Omega)} \leqslant C_5$$

令 $r_j = 2r_{j-1} = 2^j r_0$，$r_0 = 2m^{k^*} - 1$，$M_j = \max\{1, \sup\limits_{t\in(0,T_{\max,\varepsilon})} \|n_\varepsilon\|_{L^{r_j}(\Omega)}\}$，则结合式（4.3.16）有

$$\begin{aligned}
M_j &\leqslant (C_3 + C_4 + C_1)^{\frac{1}{r_j}} r_j^{\frac{5}{r_j}} M_{j-1} \\
&\leqslant (C_3 + C_4 + C_1)^{\frac{1}{2^j r_0}} r_0^{\frac{5}{2^j r_0}} 2^{\frac{5j}{2^j r_0}} M_{j-1} \\
&\leqslant (C_3 + C_4 + C_1)^{\sum_{k=1}^{j}\frac{1}{2^k r_0}} r_0^{\sum_{k=1}^{j}\frac{5}{2^k r_0}} 2^{\sum_{k=1}^{j}\frac{5k}{2^k r_0}} M_0 \\
&\leqslant C
\end{aligned}$$

其中 C 与 j 无关。当 $j \to \infty$ 时，有

$$\sup_{t\in(0,T_{\max,\varepsilon})} \|n_\varepsilon\|_{L^\infty(\Omega)} \leqslant C$$

类似可证 $\sup\limits_{t\in(0,T_{\max,\varepsilon})} \|v_\varepsilon\|_{L^\infty(\Omega)} \leqslant C$。

综合式（4.3.14），引理得证。 □

由上述几个引理可以得到初边值问题（4.3.1）经典解的整体存在性。

命题 4.3.1　假设条件［式（4.1.2）和式（4.1.3）］成立，则对任意 $\varepsilon > 0$，初边值问题（4.3.1）存在整体解 $(n_\varepsilon, v_\varepsilon, c_\varepsilon)$ 且满足

$$\sup_{t\in(0,\infty)} \int_\Omega \left|\nabla n_\varepsilon^m\right|^2 \mathrm{d}x + \sup_{t\in(0,\infty)} \left\|n_\varepsilon^{\frac{m+1}{2}}\right\|_{W_2^{1,1}(Q_1(t))} \leqslant M_1 \tag{4.3.17}$$

$$\sup_{t\in(0,\infty)}\int_\Omega\left|\nabla v_\varepsilon^l\right|^2dx+\sup_{t\in(0,\infty)}\left\|v_\varepsilon^{\frac{l+1}{2}}\right\|_{W_2^{1,1}(Q_1(t))}\leqslant M_2 \tag{4.3.18}$$

$$\sup_{t\in(0,\infty)}\left\|c_\varepsilon\right\|_{W_p^{2,1}(Q_1(t))}\leqslant M_3，任意\ p>1 \tag{4.3.19}$$

其中 M_i（$i=1,2,3$）是与 ε 无关的常数。

证明　根据引理 4.3.1 和引理 4.3.4，对任意 $\varepsilon>0$，$T_{\max,\varepsilon}=\infty$，初边值问题（4.3.1）存在经典整体有界解，即存在与 ε, $T_{\max,\varepsilon}$ 无关的常数 C，使得

$$\sup_{t\in(0,\infty)}(\left\|n_\varepsilon(\cdot,t)\right\|_{L^\infty(\Omega)}+\left\|v_\varepsilon(\cdot,t)\right\|_{L^\infty(\Omega)}+\left\|c_\varepsilon(\cdot,t)\right\|_{W^{1,\infty}(\Omega)})\leqslant C \tag{4.3.20}$$

且显然 $\tau=1$。

对初边值问题（4.3.1）的第一个方程乘以 n_ε，然后在 Ω 上积分，对任意 $t\in(0,\infty)$，有

$$\begin{aligned}
&\frac{1}{2}\frac{\mathrm{d}}{\mathrm{d}t}\int_\Omega n_\varepsilon^2\mathrm{d}x\\
&=\int_\Omega n_\varepsilon n_{\varepsilon t}\mathrm{d}x\\
&=\int_\Omega n_\varepsilon\Delta[(n_\varepsilon^2+\varepsilon)^{\frac{m-1}{2}}n_\varepsilon]\mathrm{d}x-\int_\Omega n_\varepsilon\nabla\cdot[n_\varepsilon\chi_1(c_\varepsilon)\nabla c_\varepsilon]\mathrm{d}x+\mu_1\int_\Omega n_\varepsilon^2(1-n_\varepsilon-a_1v_\varepsilon)\mathrm{d}x\\
&=-\int_\Omega\nabla n_\varepsilon\nabla(n_\varepsilon^2+\varepsilon)^{\frac{m-1}{2}}n_\varepsilon\mathrm{d}x+\int_\Omega\chi_1(c_\varepsilon)n_\varepsilon\nabla c_\varepsilon\nabla n_\varepsilon\mathrm{d}x+\mu_1\int_\Omega n_\varepsilon^2(1-n_\varepsilon-a_1v_\varepsilon)\mathrm{d}x\\
&=-\int_\Omega\nabla n_\varepsilon\nabla(n_\varepsilon^2+\varepsilon)^{\frac{m-1}{2}}n_\varepsilon\mathrm{d}x+\frac{1}{2}\int_\Omega\chi_1(c_\varepsilon)\nabla c_\varepsilon\nabla n_\varepsilon^2\mathrm{d}x+\mu_1\int_\Omega n_\varepsilon^2(1-n_\varepsilon-a_1v_\varepsilon)\mathrm{d}x\\
&=-\int_\Omega\nabla n_\varepsilon\nabla(n_\varepsilon^2+\varepsilon)^{\frac{m-1}{2}}n_\varepsilon\mathrm{d}x-\frac{1}{2}\int_\Omega\chi_1'(c_\varepsilon)n_\varepsilon^2\left|\nabla c_\varepsilon\right|^2\mathrm{d}x-\frac{1}{2}\int_\Omega\chi_1(c_\varepsilon)n_\varepsilon^2\Delta c_\varepsilon\mathrm{d}x+\\
&\quad\mu_1\int_\Omega n_\varepsilon^2(1-n_\varepsilon-a_1v_\varepsilon)\mathrm{d}x\\
&\leqslant-\int_\Omega\nabla n_\varepsilon\nabla(n_\varepsilon^2+\varepsilon)^{\frac{m-1}{2}}n_\varepsilon\mathrm{d}x-\frac{1}{2}\int_\Omega\chi_1(c_\varepsilon)n_\varepsilon^2\Delta c_\varepsilon\mathrm{d}x+\mu_1\int_\Omega n_\varepsilon^2(1-n_\varepsilon-a_1v_\varepsilon)\mathrm{d}x\\
&\leqslant-(m-1)\int_\Omega(n_\varepsilon^2+\varepsilon)^{\frac{m-3}{2}}n_\varepsilon^2\left|\nabla n_\varepsilon\right|^2\mathrm{d}x-\int_\Omega(n_\varepsilon^2+\varepsilon)^{\frac{m-1}{2}}\left|\nabla n_\varepsilon\right|^2\mathrm{d}x+\\
&\quad\frac{1}{4}\chi_1^2\left\|c_0\right\|_{L^\infty(\Omega)}\int_\Omega n_\varepsilon^4\mathrm{d}x+\frac{1}{4}\int_\Omega\left|\Delta c_\varepsilon\right|^2\mathrm{d}x+\mu_1\int_\Omega n_\varepsilon^2(1-n_\varepsilon-a_1v_\varepsilon)\mathrm{d}x
\end{aligned}$$

由式（4.3.20）可得到

$$\frac{\mathrm{d}}{\mathrm{d}t}\int_\Omega n_\varepsilon^2\mathrm{d}x+\int_\Omega(n_\varepsilon^2+\varepsilon)^{\frac{m-1}{2}}\left|\nabla n_\varepsilon\right|^2\mathrm{d}x\leqslant C_1(1+\int_\Omega\left|\Delta c_\varepsilon\right|^2\mathrm{d}x)，\quad t\in(0,\infty)$$

根据式（4.3.5）和引理 4.2.1，有

$$\sup_{t\in(1,\infty)}\int_{t-1}^{t}\int_{\Omega}(n_{\varepsilon}^{2}+\varepsilon)^{\frac{m-1}{2}}\left|\nabla n_{\varepsilon}\right|^{2}\mathrm{d}x\mathrm{d}s\leqslant C_{2} \tag{4.3.21}$$

其中C_2和ε无关。

将初边值问题（4.3.1）的第一个方程左右两边乘以$((n_{\varepsilon}^{2}+\varepsilon)^{\frac{m-1}{2}}n_{\varepsilon})_{t}$，然后在$\Omega$上积分，对任意$t\in(0,\infty)$，有

$$\begin{aligned}
&\int_{\Omega}n_{\varepsilon t}((n_{\varepsilon}^{2}+\varepsilon)^{\frac{m-1}{2}}n_{\varepsilon})_{t}\mathrm{d}x\\
&=\int_{\Omega}(m-1)(n_{\varepsilon}^{2}+\varepsilon)^{\frac{m-3}{2}}n_{\varepsilon}^{2}\mathrm{d}x+\int_{\Omega}(n_{\varepsilon}^{2}+\varepsilon)^{\frac{m-1}{2}}\,|\,n_{\varepsilon t}\,|^{2}\,\mathrm{d}x\\
&=\int_{\Omega}\Delta[(n_{\varepsilon}^{2}+\varepsilon)^{\frac{m-1}{2}}n_{\varepsilon}]((n_{\varepsilon}^{2}+\varepsilon)^{\frac{m-1}{2}}n_{\varepsilon})_{t}\mathrm{d}x-\int_{\Omega}\nabla\cdot[n_{\varepsilon}\chi_{1}(c_{\varepsilon})\nabla c_{\varepsilon}]((n_{\varepsilon}^{2}+\varepsilon)^{\frac{m-1}{2}}n_{\varepsilon})_{t}\mathrm{d}x+\\
&\quad\mu_{1}\int_{\Omega}n_{\varepsilon}(1-n_{\varepsilon}-a_{1}v_{\varepsilon})((n_{\varepsilon}^{2}+\varepsilon)^{\frac{m-1}{2}}n_{\varepsilon})_{t}\mathrm{d}x\\
&=-\int_{\Omega}\nabla\cdot[(n_{\varepsilon}^{2}+\varepsilon)^{\frac{m-1}{2}}n_{\varepsilon}](\nabla\cdot[(n_{\varepsilon}^{2}+\varepsilon)^{\frac{m-1}{2}}n_{\varepsilon}])_{t}\mathrm{d}x-\int_{\Omega}\nabla\cdot[n_{\varepsilon}\chi_{1}(c_{\varepsilon})\nabla c_{\varepsilon}]((n_{\varepsilon}^{2}+\varepsilon)^{\frac{m-1}{2}}n_{\varepsilon})_{t}\mathrm{d}x+\\
&\quad\mu_{1}\int_{\Omega}n_{\varepsilon}(1-n_{\varepsilon}-a_{1}v_{\varepsilon})((n_{\varepsilon}^{2}+\varepsilon)^{\frac{m-1}{2}}n_{\varepsilon})_{t}\mathrm{d}x
\end{aligned}$$

则

$$\begin{aligned}
&\int_{\Omega}\nabla\cdot[(n_{\varepsilon}^{2}+\varepsilon)^{\frac{m-1}{2}}n_{\varepsilon}](\nabla\cdot[(n_{\varepsilon}^{2}+\varepsilon)^{\frac{m-1}{2}}n_{\varepsilon}])_{t}\mathrm{d}x+\int_{\Omega}(n_{\varepsilon}^{2}+\varepsilon)^{\frac{m-1}{2}}\left|n_{\varepsilon t}\right|^{2}\mathrm{d}x\\
&=\frac{1}{2}\frac{\mathrm{d}}{\mathrm{d}t}\int_{\Omega}\left|\nabla[(n_{\varepsilon}^{2}+\varepsilon)^{\frac{m-1}{2}}n_{\varepsilon}]\right|^{2}\mathrm{d}x+\int_{\Omega}(n_{\varepsilon}^{2}+\varepsilon)^{\frac{m-1}{2}}\left|n_{\varepsilon t}\right|^{2}\mathrm{d}x\\
&\leqslant-\int_{\Omega}\nabla\cdot[n_{\varepsilon}\chi_{1}(c_{\varepsilon})\nabla c_{\varepsilon}]((n_{\varepsilon}^{2}+\varepsilon)^{\frac{m-1}{2}}n_{\varepsilon})_{t}\mathrm{d}x+\mu_{1}\int_{\Omega}n_{\varepsilon}(1-n_{\varepsilon}-a_{1}v_{\varepsilon})((n_{\varepsilon}^{2}+\varepsilon)^{\frac{m-1}{2}}n_{\varepsilon})_{t}\mathrm{d}x\\
&\leqslant m^{2}\int_{\Omega}\left|\nabla\cdot[n_{\varepsilon}\chi_{1}(c_{\varepsilon})\nabla c_{\varepsilon}]\right|^{2}(n_{\varepsilon}^{2}+\varepsilon)^{\frac{m-1}{2}}\mathrm{d}x+\frac{1}{2}\int_{\Omega}(n_{\varepsilon}^{2}+\varepsilon)^{\frac{m-1}{2}}\left|n_{\varepsilon t}\right|^{2}\mathrm{d}x+\\
&\quad\mu_{1}^{2}m^{2}\int_{\Omega}n_{\varepsilon}^{2}(1-n_{\varepsilon}-a_{1}v_{\varepsilon})^{2}(n_{\varepsilon}^{2}+\varepsilon)^{\frac{m-1}{2}}\mathrm{d}x\\
&\leqslant C_{3}\left[\int_{\Omega}\chi_{1}^{2}(c_{\varepsilon})\left|\nabla n_{\varepsilon}\right|^{2}\left|\nabla c_{\varepsilon}\right|^{2}(n_{\varepsilon}^{2}+\varepsilon)^{\frac{m-1}{2}}\mathrm{d}x+\int_{\Omega}\left|\chi_{1}'(c_{\varepsilon})\right|^{2}\left|\nabla c_{\varepsilon}\right|^{4}n_{\varepsilon}^{2}(n_{\varepsilon}^{2}+\varepsilon)^{\frac{m-1}{2}}\mathrm{d}x+\right.\\
&\quad\left.\int_{\Omega}\chi_{1}^{2}(c_{\varepsilon})n_{\varepsilon}^{2}\left|\Delta c_{\varepsilon}\right|^{2}(n_{\varepsilon}^{2}+\varepsilon)^{\frac{m-1}{2}}\right]\mathrm{d}x+\frac{1}{2}\int_{\Omega}(n_{\varepsilon}^{2}+\varepsilon)^{\frac{m-1}{2}}\left|n_{\varepsilon t}\right|^{2}\mathrm{d}x+\\
&\quad\mu_{1}^{2}m^{2}\int_{\Omega}n_{\varepsilon}^{2}(1-n_{\varepsilon}-a_{1}v_{\varepsilon})^{2}(n_{\varepsilon}^{2}+\varepsilon)^{\frac{m-1}{2}}\mathrm{d}x\\
&\leqslant C_{4}\left[1+\int_{\Omega}\left|\Delta c_{\varepsilon}\right|^{2}\mathrm{d}x+\int_{\Omega}(n_{\varepsilon}^{2}+\varepsilon)^{\frac{m-1}{2}}\left|\nabla n_{\varepsilon}\right|^{2}\right]\mathrm{d}x+\frac{1}{2}\int_{\Omega}(n_{\varepsilon}^{2}+\varepsilon)^{\frac{m-1}{2}}\left|n_{\varepsilon t}\right|^{2}\mathrm{d}x
\end{aligned}$$

整理得

$$\frac{\mathrm{d}}{\mathrm{d}t}\int_\Omega\left|\nabla[(n_\varepsilon^2+\varepsilon)^{\frac{m-1}{2}}n_\varepsilon]\right|^2\mathrm{d}x+\int_\Omega(n_\varepsilon^2+\varepsilon)^{\frac{m-1}{2}}\left|n_{\varepsilon t}\right|^2\mathrm{d}x+\int_\Omega\left|\nabla[(n_\varepsilon^2+\varepsilon)^{\frac{m-1}{2}}n_\varepsilon]\right|^2\mathrm{d}x$$
$$\leqslant C_5(1+\int_\Omega\left|\Delta c_\varepsilon\right|^2\mathrm{d}x+\int_\Omega(n_\varepsilon^2+\varepsilon)^{\frac{m-1}{2}}\left|\nabla n_\varepsilon\right|^2\mathrm{d}x)$$

根据式（4.3.21）和引理 4.2.1 得到

$$\sup_{t\in(0,\infty)}\int\left|\nabla[(n_\varepsilon^2+\varepsilon)^{\frac{m-1}{2}}n_\varepsilon]\right|^2\mathrm{d}x+\sup_{t\in(1,\infty)}\int_{t-1}^t\int_\Omega(n_\varepsilon^2+\varepsilon)^{\frac{m-1}{2}}\left|n_{\varepsilon t}\right|^2\mathrm{d}x\mathrm{d}s\leqslant C$$

则式（4.3.17）成立。

用同样的方法可以得到式（4.3.18）成立。

综合式（4.3.20）和引理 4.2.3 可以得到式（4.3.19）成立。　□

4.4　主要结果证明

定理 4.4.1　设$\Omega\subset\mathbb{R}^3$是一个有光滑边界的有界区域，条件［式（4.1.2）和式（4.1.3）］成立，且 $m, l>1$，$a_1,a_2>0$，$\alpha,\beta>0$，则对任意 $\mu_i>0$（$i=1,2$），初边值问题（4.1.1）存在一个非负弱解(n,v,c)满足$n\in A_1$，$v\in A_2$，$c\in A_3$，其中

$A_1=\{n\in L^\infty(\Omega\times(0,\infty));\nabla n^m\in L^\infty((0,\infty);L^2(\Omega)),(n^{\frac{m+1}{2}})_t,\nabla n^{\frac{m+1}{2}}\in L^2_{\mathrm{loc}}([0,\infty);L^2(\Omega))\}$，

$A_2=\{v\in L^\infty(\Omega\times(0,\infty));\nabla v^l\in L^\infty((0,\infty);L^2(\Omega)),(v^{\frac{l+1}{2}})_t,\nabla v^{\frac{l+1}{2}}\in L^2_{\mathrm{loc}}([0,\infty);L^2(\Omega))\}$，

$A_3=\{c\in L^\infty((0,\infty);W^{1,\infty}(\Omega));c_t,\Delta c\in L^p_{\mathrm{loc}}([0,\infty);L^p(\Omega))\}$，$p>1$，

且存在常数$C(\mu_1,\mu_2,n_0,v_0,c_0)>0$，使得

$$\sup_{t\in(0,\infty)}(\|n(\cdot,t)\|_{L^\infty(\Omega)}+\|v(\cdot,t)\|_{L^\infty(\Omega)}+\|c(\cdot,t)\|_{W^{1,\infty}(\Omega)})\leqslant C(\mu_1,\mu_2,n_0,v_0,c_0) \tag{4.4.1}$$

证明　为了简单起见，仍然用$(n_\varepsilon,v_\varepsilon,c_\varepsilon)$来表示其某个子列。由命题 4.3.1 可知，对任意$T>0$，存在$(n_\varepsilon,v_\varepsilon,c_\varepsilon)$的子列和$(n,v,c)$使得

$$n_\varepsilon\overset{*}{\rightharpoonup}n\text{，在 }L^\infty(Q_T)\text{ 空间上}$$
$$v_\varepsilon\overset{*}{\rightharpoonup}v\text{，在 }L^\infty(Q_T)\text{ 空间上}$$
$$n_\varepsilon^{\frac{m+1}{2}}\rightharpoonup n^{\frac{m+1}{2}}\text{，在 }W_2^{1,1}(Q_T)\text{ 空间上}$$
$$v_\varepsilon^{\frac{l+1}{2}}\rightharpoonup v^{\frac{l+1}{2}}\text{，在 }W_2^{1,1}(Q_T)\text{ 空间上}$$

$$c_\varepsilon \rightharpoonup c\text{，在}W_p^{2,1}(Q_T)\text{空间上，对任意}p\in(1,\infty)$$

下面证明(n,v,c)即初边值问题（4.1.1）的整体弱解。

由 Aubin-Lions（奥宾–利翁斯）引理、式（4.3.17）和式（4.3.18），得到

$$n_\varepsilon^{\frac{m+1}{2}} \to n^{\frac{m+1}{2}}\text{，}\ v_\varepsilon^{\frac{l+1}{2}} \to v^{\frac{l+1}{2}}\ \text{在}\ C([0,T];L^2(\Omega))\ \text{上}$$

进一步，

$$n_\varepsilon \to n\text{，}\ v_\varepsilon \to v\text{，a.e.在}\ Q_T\ \text{上}$$

结合式（4.3.20）和 Lebesgue（勒贝格）控制收敛定理，对任意$p>1$，有

$$n_\varepsilon \to n\text{，}\ v_\varepsilon \to v\ \text{在}\ C([0,T];L^p(\Omega))\ \text{上}$$

对任意$p>\dfrac{5}{2}$，$W_p^{2,1}(Q_T)$嵌入$C^{2-\frac{5}{p},1-\frac{5}{2p}}(Q_T)$，结合式（4.3.19）可得

$$c_\varepsilon \to c\ \text{在}\ C^{2-\frac{5}{p},1-\frac{5}{2p}}(Q_T)\ \text{上}$$

综上，式（4.4.1）成立。

因为对任意$p>1$，在$L^p(Q_T)$上，$n_\varepsilon \to n$，$\nabla c_\varepsilon \rightharpoonup \nabla c$，所以结合条件式（4.1.3）可得

$$\chi_1(c_\varepsilon)n_\varepsilon\nabla c_\varepsilon \to \chi_1(c)n\nabla c\ \text{在}\ L^q(Q_T)\ \text{上，}\ q\in(1,\infty)$$

同理，有

$$\chi_2(c_\varepsilon)v_\varepsilon\nabla c_\varepsilon \to \chi_2(c)v\nabla c\ \text{在}\ L^q(Q_T)\ \text{上，}\ q\in(1,\infty)$$

选取$\varphi\in C^\infty(\bar{Q}_T)$满足条件$\left.\dfrac{\partial\varphi}{\partial\upsilon}\right|_{\partial\Omega}=0$且$\varphi(x,T)=0$，分别对初边值问题（4.1.1）的三个方程的左右两边同时乘以φ，然后在Ω上分部积分，有

$$-\iint_{Q_T} n_\varepsilon\varphi_t\mathrm{d}x\mathrm{d}t-\int_\Omega n_0\varphi(x,0)\mathrm{d}x-\iint_{Q_T}(n_\varepsilon^2+\varepsilon)^{\frac{m-1}{2}}n_\varepsilon\Delta\varphi\mathrm{d}x\mathrm{d}t$$
$$=\iint_{Q_T}\chi_1(c_\varepsilon)n_\varepsilon\nabla c_\varepsilon\nabla\varphi\mathrm{d}x\mathrm{d}t+\iint_{Q_T}\mu_1 n_\varepsilon(1-n_\varepsilon-a_1v_\varepsilon)\varphi\mathrm{d}x\mathrm{d}t,$$
$$-\iint_{Q_T} v_\varepsilon\varphi_t\mathrm{d}x\mathrm{d}t-\int_\Omega v_0\varphi(x,0)\mathrm{d}x-\iint_{Q_T}(v_\varepsilon^2+\varepsilon)^{\frac{l-1}{2}}v_\varepsilon\Delta\varphi\mathrm{d}x\mathrm{d}t$$
$$=\iint_{Q_T}\chi_2(c_\varepsilon)v_\varepsilon\nabla c_\varepsilon\nabla\varphi\mathrm{d}x\mathrm{d}t+\iint_{Q_T}\mu_2 v_\varepsilon(1-a_2n_\varepsilon-v_\varepsilon)\varphi\mathrm{d}x\mathrm{d}t,$$
$$-\iint_{Q_T} c_\varepsilon\varphi_t\mathrm{d}x\mathrm{d}t-\int_\Omega c_0\varphi(x,0)\mathrm{d}x+\iint_{Q_T}\nabla c_\varepsilon\cdot\nabla\varphi\mathrm{d}x\mathrm{d}t+\iint_{Q_T}(\alpha n_\varepsilon+\beta v_\varepsilon)c_\varepsilon\varphi\mathrm{d}x\mathrm{d}t=0$$

令$\varepsilon\to0$，可得到

$$-\iint_{Q_T} n\varphi_t \mathrm{d}x\mathrm{d}t-\int_{\Omega} n_0\varphi(x,0)\mathrm{d}x-\iint_{Q_T} n^m\Delta\varphi\mathrm{d}x\mathrm{d}t$$
$$=\iint_{Q_T}\chi_1(c)n\nabla c\nabla\varphi\mathrm{d}x\mathrm{d}t+\iint_{Q_T}\mu_1 n(1-n-a_1v)\varphi\mathrm{d}x\mathrm{d}t$$
$$-\iint_{Q_T} v\varphi_t \mathrm{d}x\mathrm{d}t-\int_{\Omega} v_0\varphi(x,0)\mathrm{d}x-\iint_{Q_T} v^l\Delta\varphi\mathrm{d}x\mathrm{d}t$$
$$=\iint_{Q_T}\chi_2(c)v\nabla c\nabla\varphi\mathrm{d}x\mathrm{d}t+\iint_{Q_T}\mu_2 v(1-a_2n-v)\varphi\mathrm{d}x\mathrm{d}t$$
$$-\iint_{Q_T} c\varphi_t \mathrm{d}x\mathrm{d}t-\int_{\Omega} c_0\varphi(x,0)\mathrm{d}x+\iint_{Q_T}\nabla c\cdot\nabla\varphi\mathrm{d}x\mathrm{d}t+\iint_{Q_T}(\alpha n+\beta v)c\varphi\mathrm{d}x\mathrm{d}t=0$$

又因为$\nabla n^m\in L^2(Q_T)$，$\nabla v^l\in L^2(Q_T)$，所以

$$-\iint_{Q_T} n\varphi_t \mathrm{d}x\mathrm{d}t-\int_{\Omega} n_0\varphi(x,0)\mathrm{d}x+\iint_{Q_T}[\nabla n^m-\chi_1(c)n\nabla c]\nabla\varphi\mathrm{d}x\mathrm{d}t$$
$$=\iint_{Q_T}\mu_1 n(1-n-a_1v)\varphi\mathrm{d}x\mathrm{d}t,$$
$$-\iint_{Q_T} v\varphi_t \mathrm{d}x\mathrm{d}t-\int_{\Omega} v_0\varphi(x,0)\mathrm{d}x+\iint_{Q_T}[\nabla v^l-\chi_2(c)v\nabla c]\nabla\varphi\mathrm{d}x\mathrm{d}t$$
$$=\iint_{Q_T}\mu_2 v(1-a_2n-v)\varphi\mathrm{d}x\mathrm{d}t$$

即$n\in A_1$, $v\in A_2$, $c\in A_3$是初边值问题（4.1.1）的整体弱解。　□

4.5　本章小结

非线性扩散和 logistic 源都会在某种程度上避免趋化系统产生爆破现象，有些时候学者会单独考虑其中一个方面在趋化问题中所起的作用，有些时候学者会考虑两个方面同时起作用时趋化系统解的性质。本章虽然同时考虑了非线性扩散和 logistic 源在趋化系统中所起的作用，但实际在推导过程中，更关注非线性扩散对初边值问题（4.1.1）解的稳定性的影响。

第 5 章　logistic 源对高维趋化系统的整体可解性的影响

5.1　带齐性 Neumann 边界条件的趋化系统的研究现状

在模型（1.1.2）中，令趋化灵敏度函数、logistic 源与化学物质的产生和消耗速率分别是 $\chi(n,c)=1$、$H(n,c)=\kappa n-\mu n^{\alpha}$ 与 $K(n,c)=-nc$，得到具有 logistic 源的初边值问题（耗氧型趋化模型）

$$\begin{cases} n_t=\Delta n-\nabla\cdot(n\nabla c)+\kappa n-\mu n^{\alpha}, & x\in\Omega,\ t>0 \\ c_t=\Delta c-nc, & x\in\Omega,\ t>0 \\ \dfrac{\partial n}{\partial \boldsymbol{\upsilon}}=\dfrac{\partial c}{\partial \boldsymbol{\upsilon}}=0, & x\in\partial\Omega,\ t>0 \\ n(x,0)=n_0(x),\quad c(x,0)=c_0(x), & x\in\Omega \end{cases} \tag{5.1.1}$$

其中 $\Omega\subset\mathbb{R}^N$（$N\geqslant 1$）是具有光滑边界的有界区域，$\kappa\in\mathbb{R}$，$\mu>0$，$\alpha>1$，初始函数 n_0,c_0 满足条件

$$\begin{cases} n_0\in C^0(\bar{\Omega}),\quad n_0\geqslant 0,\ n_0\not\equiv 0 \\ c_0\in W^{1,\infty}(\Omega),\ c_0\geqslant 0 \end{cases} \tag{5.1.2}$$

当 $\alpha=2$ 时，若空间维数 $N\leqslant 2$，则初边值问题（5.1.1）存在整体有界经典解[8]；若 $N\geqslant 3$，对任意的 $\mu>0$，初边值问题（5.1.1）存在整体弱解，而当 μ 足够大时，存在整体有界经典解[9]。当 logistic 源为次二次时（$1<\alpha<2$），解的整体性结果依赖小初值条件[10]。本章主要讨论初边值问题（5.1.1）不依赖小初值的整体弱解的存在性问题，首先给出整体弱解的定义。

定义 5.1.1　若函数组 (n,c) 满足下列条件

$$n\in L^1_{\mathrm{loc}}([0,\infty);L^1(\Omega)),\qquad c\in L^1_{\mathrm{loc}}([0,\infty);W^{1,1}(\Omega))$$
$$n\nabla c\in L^1_{\mathrm{loc}}([0,\infty);L^1(\Omega)),\quad nc\in L^1_{\mathrm{loc}}([0,\infty);L^1(\Omega))$$

且对任意的 $\xi\in C_0^\infty(\Omega\times[0,\infty))$，下列积分等式成立

$$-\int_0^\infty\int_\Omega n\xi_t\mathrm{d}x\mathrm{d}t-\int_\Omega n_0\xi(\cdot,0)\mathrm{d}x$$
$$=-\int_0^\infty\int_\Omega \nabla n\cdot\nabla\xi\mathrm{d}x\mathrm{d}t+\int_0^\infty\int_\Omega n\nabla c\cdot\nabla\xi\mathrm{d}x\mathrm{d}t+\kappa\int_0^\infty\int_\Omega\xi n\mathrm{d}x\mathrm{d}t-\mu\int_0^\infty\int_\Omega\xi n^\alpha\mathrm{d}x\mathrm{d}t- \tag{5.1.3}$$

$$\int_0^\infty\int_\Omega c\xi_t\mathrm{d}x\mathrm{d}t-\int_\Omega c_0\xi(\cdot,0)\mathrm{d}x=-\int_0^\infty\int_\Omega\nabla c\cdot\nabla\xi\mathrm{d}x\mathrm{d}t-\int_0^\infty\int_\Omega\xi nc\mathrm{d}x\mathrm{d}t \tag{5.1.4}$$

则称其为初边值问题（5.1.1）的整体弱解。

5.2　带齐性 Neumann 边界条件的趋化系统的正则化

为了构造方程组（5.1.1）的整体弱解，对任意的 $\varepsilon\in(0,1)$，考虑方程组（5.1.1）的初边值问题（逼近问题）

$$\begin{cases}n_{\varepsilon t}=\Delta n_\varepsilon-\nabla\cdot\left(\dfrac{n_\varepsilon}{(1+\varepsilon n_\varepsilon)^2}\nabla c_\varepsilon\right)+\kappa n_\varepsilon-\mu n_\varepsilon^\alpha, & x\in\Omega,\ t>0\\ c_{\varepsilon t}=\Delta c_\varepsilon-c_\varepsilon\dfrac{n_\varepsilon}{1+\varepsilon n_\varepsilon}, & x\in\Omega,\ t>0\\ \dfrac{\partial n_\varepsilon}{\partial\upsilon}=\dfrac{\partial c_\varepsilon}{\partial\upsilon}=0, & x\in\partial\Omega,\ t>0\\ n_\varepsilon(x,0)=n_0(x),\ \ c_\varepsilon(x,0)=c_0(x), & x\in\Omega\end{cases} \tag{5.2.1}$$

对于初边值问题（5.2.1），利用不动点定理可以证明其存在着唯一的局部经典解，故此处省略证明细节。

引理 5.2.1　设 $\Omega\subset\mathbb{R}^N$（$N\geqslant1$），$\kappa\in\mathbb{R}$，$\mu>0$ 且 $q>N$，初值 n_0,c_0 满足条件式（5.1.2），则对任意 $\varepsilon\in(0,1)$，存在 $T_{\max,\varepsilon}\in(0,\infty]$ 及

$$\begin{cases}n_\varepsilon\in C^0(\bar\Omega\times[0,T_{\max,\varepsilon}))\bigcap C^{2,1}(\bar\Omega\times(0,T_{\max,\varepsilon}))\\ c_\varepsilon\in\bigcap\limits_{q>N}C^0([0,T_{\max,\varepsilon});W^{1,q}(\Omega))\bigcap C^{2,1}(\bar\Omega\times(0,T_{\max,\varepsilon}))\end{cases}$$

使得在 $\bar\Omega\times(0,T_{\max,\varepsilon})$ 上 $n_\varepsilon\geqslant0$，$c_\varepsilon\geqslant0$，函数组 $(n_\varepsilon,c_\varepsilon)$ 是初边值问题（5.2.1）的唯一经典解，并且当 $T_{\max,\varepsilon}<\infty$ 时，有

$$\limsup_{t\nearrow T_{\max,\varepsilon}}(\|n_\varepsilon(\cdot,t)\|_{L^\infty(\Omega)}+\|c_\varepsilon(\cdot,t)\|_{W^{1,q}(\Omega)})=\infty \tag{5.2.2}$$

虽然 logistic 源使得函数n不具备质量守恒性质，但是仍然可以得到n和n_ε^α的一些估计。为下面叙述方便，记$\tau=\min\{1,T_{\max,\varepsilon}\}$。

引理 5.2.2 设初值函数n_0, c_0满足条件式（5.1.2），$\kappa\in\mathbb{R}$，$\mu>0$，则对任意$t\in(0,T_{\max,\varepsilon})$，任意$\varepsilon\in(0,1)$，方程组（5.2.1）的解满足

$$\int_\Omega n_\varepsilon \mathrm{d}x \leqslant \max\left\{\int_\Omega n_0 \mathrm{d}x, \left(\frac{\kappa_+}{\mu}\right)^{\frac{1}{\alpha-1}}|\Omega|\right\} \tag{5.2.3}$$

$$\|c_\varepsilon\|_{L^\infty(\Omega)} \leqslant \|c_0\|_{L^\infty(\Omega)} \tag{5.2.4}$$

证明 对方程组（5.2.1）的第一个方程关于空间变量积分，则对任意$t>0$，有

$$\frac{\mathrm{d}}{\mathrm{d}t}\int_\Omega n_\varepsilon \mathrm{d}x \leqslant \kappa_+\int_\Omega n_\varepsilon \mathrm{d}x-\mu\int_\Omega n_\varepsilon^\alpha \mathrm{d}x \tag{5.2.5}$$

由 Hölder（霍德尔）不等式知

$$\left(\int_\Omega n_\varepsilon \mathrm{d}x\right)^\alpha \leqslant |\Omega|^{\alpha-1}\int_\Omega n_\varepsilon^\alpha \mathrm{d}x$$

则有

$$\frac{\mathrm{d}}{\mathrm{d}t}\int_\Omega n_\varepsilon \mathrm{d}x \leqslant \kappa_+\int_\Omega n_\varepsilon \mathrm{d}x-\mu|\Omega|^{\alpha-1}\left(\int_\Omega n_\varepsilon \mathrm{d}x\right)^\alpha$$

再由常微分方程的比较原理可得式（5.2.3）。

对方程组（5.2.1）的第二个方程两边同时乘以${c_\varepsilon}^{p-1}$，然后关于空间变量积分，则对任意的$t>0$，利用分部积分公式及n和c的非负性有

$$\begin{aligned}\frac{1}{p}\frac{\mathrm{d}}{\mathrm{d}t}\int_\Omega c_\varepsilon^p \mathrm{d}x &= \int_\Omega \Delta c_\varepsilon\cdot c_\varepsilon^{p-1}\mathrm{d}x-\int_\Omega n_\varepsilon c_\varepsilon^p\frac{n_\varepsilon}{1+\varepsilon n_\varepsilon}\mathrm{d}x\\ &\leqslant -(p-1)\int_\Omega c_\varepsilon^{p-2}|\nabla c_\varepsilon|^2 \mathrm{d}x\\ &= -\frac{4(p-1)}{p^2}\int_\Omega\left|\nabla c_\varepsilon^{\frac{p}{2}}\right|^2 \mathrm{d}x \leqslant 0\end{aligned}$$

因此$\int_\Omega c_\varepsilon^p \mathrm{d}x$关于变量$t$是非递增的，即$\|c_\varepsilon(\cdot,t)\|_{L^p(\Omega)} \leqslant \|c_0(\cdot,t)\|_{L^p(\Omega)}$。令$p\to\infty$，可得式（5.2.4）。 □

引理 5.2.3 设初值函数n_0, c_0满足条件式（5.1.2），$\kappa\in\mathbb{R}$，$\mu>0$，则

对任意 $t\in(0,T_{\max,\varepsilon}-\tau)$、任意 $\varepsilon\in(0,1)$，存在 $C(\tau)>0$，使得

$$\int_t^{t+\tau}\int_\Omega n_\varepsilon^\alpha \mathrm{d}x\mathrm{d}t \leqslant C(\tau) \tag{5.2.6}$$

证明　对式（5.2.5）关于时间变量积分即可得结论。 □

下面构造泛函 $\int_\Omega n_\varepsilon \ln n_\varepsilon \mathrm{d}x+\frac{1}{2}\int_\Omega \frac{|\nabla c_\varepsilon|^2}{c_\varepsilon}\mathrm{d}x$ 的时间导数所满足的不等式，从而得到一些关于 $(n_\varepsilon,c_\varepsilon)$ 的估计。

引理 5.2.4　存在 $C>0$ 和 $K>0$，使得 c_ε 满足

$$-2\int_\Omega \frac{|\Delta c_\varepsilon|^2}{c_\varepsilon}\mathrm{d}x+\int_\Omega \frac{|\nabla c_\varepsilon|^2\Delta c}{c_\varepsilon^2}\mathrm{d}x \leqslant -K\int_\Omega c_\varepsilon\left|D^2\ln c_\varepsilon\right|^2\mathrm{d}x-K\int_\Omega \frac{|\nabla c_\varepsilon|^4}{c_\varepsilon^3}\mathrm{d}x+C\int_\Omega c_\varepsilon \mathrm{d}x$$

引理 5.2.5　设初值函数 n_0, c_0 满足条件式（5.1.2），$\kappa\in\mathbb{R}$，$\mu>0$，则存在常数 $K,C>0$，使得对任意 $\varepsilon\in(0,1)$、任意 $t\in(0,T_{\max,\varepsilon})$，有

$$\frac{\mathrm{d}}{\mathrm{d}t}\left(\int_\Omega n_\varepsilon \ln n_\varepsilon \mathrm{d}x+\frac{1}{2}\int_\Omega \frac{|\nabla c_\varepsilon|^2}{c_\varepsilon}\mathrm{d}x\right)+\int_\Omega \frac{|\nabla n_\varepsilon|^2}{n_\varepsilon}\mathrm{d}x+K\int_\Omega c_\varepsilon\left|D^2\ln c_\varepsilon\right|^2\mathrm{d}x+\frac{\mu}{2}\int_\Omega n_\varepsilon^\alpha \ln n_\varepsilon \mathrm{d}x+$$
$$K\int_\Omega \frac{|\nabla c_\varepsilon|^4}{c_\varepsilon^3}\mathrm{d}x \leqslant C \tag{5.2.7}$$

证明　对方程组（5.2.1）的第一个方程的左右两端同时乘以 $\ln n_\varepsilon$，然后对空间变量积分，利用分部积分公式可得，对任意 $t\in(0,T_{\max,\varepsilon})$，有

$$\begin{aligned}
&\frac{\mathrm{d}}{\mathrm{d}t}\int_\Omega n_\varepsilon \ln n_\varepsilon \mathrm{d}x\\
&=\int_\Omega n_{\varepsilon t}\mathrm{d}x+\int_\Omega n_{\varepsilon t}\ln n_\varepsilon \mathrm{d}x\\
&=\kappa\int_\Omega n_\varepsilon \mathrm{d}x-\mu\int_\Omega n_\varepsilon^\alpha \mathrm{d}x-\int_\Omega \frac{|\nabla n_\varepsilon|^2}{n_\varepsilon}\mathrm{d}x+\int_\Omega \frac{\nabla n_\varepsilon\cdot\nabla c_\varepsilon}{(1+\varepsilon n_\varepsilon)^2}\mathrm{d}x+\kappa\int_\Omega n_\varepsilon \ln n_\varepsilon \mathrm{d}x-\mu\int_\Omega n_\varepsilon^\alpha \ln n_\varepsilon \mathrm{d}x
\end{aligned} \tag{5.2.8}$$

当 $\alpha>1$ 时，对任意 $s\in[0,\infty)$，函数

$$s\mapsto \kappa s-\mu s^\alpha$$

和

$$s\mapsto\left(\kappa s-\frac{\mu}{2}s^\alpha\right)\ln s$$

都是有界的，所以存在常数 $C_1>0$ ，使得对任意 $t\in(0,T_{\max,\varepsilon})$ ，有

$$\frac{\mathrm{d}}{\mathrm{d}t}\int_\Omega n_\varepsilon\ln n_\varepsilon\mathrm{d}x+\frac{\mu}{2}\int_\Omega n_\varepsilon^\alpha\ln n_\varepsilon\mathrm{d}x+\int_\Omega\frac{|\nabla n_\varepsilon|^2}{n_\varepsilon}\mathrm{d}x\leqslant\int_\Omega\frac{\nabla n_\varepsilon\cdot\nabla c_\varepsilon}{(1+\varepsilon n_\varepsilon)^2}\mathrm{d}x+2C_1 \quad (5.2.9)$$

直接计算导数 $\frac{1}{2}\frac{\mathrm{d}}{\mathrm{d}t}\int_\Omega\frac{|\nabla c_\varepsilon|^2}{c_\varepsilon}\mathrm{d}x$ ，并结合方程组（5.2.1）的第二个方程可知，对任意 $t\in(0,T_{\max,\varepsilon})$ ，有

$$\begin{aligned}
&\frac{1}{2}\frac{\mathrm{d}}{\mathrm{d}t}\int_\Omega\frac{|\nabla c_\varepsilon|^2}{c_\varepsilon}\mathrm{d}x\\
&=\int_\Omega\frac{\nabla c_\varepsilon\cdot\nabla c_{\varepsilon t}}{c_\varepsilon}\mathrm{d}x-\frac{1}{2}\int_\Omega\frac{|\nabla c_\varepsilon|^2c_{\varepsilon t}}{c_\varepsilon^2}\mathrm{d}x\\
&=\int_\Omega\frac{\nabla c_\varepsilon}{c_\varepsilon}\cdot\nabla\left(\Delta c_\varepsilon-c_\varepsilon\frac{n_\varepsilon}{1+\varepsilon n_\varepsilon}\right)\mathrm{d}x-\frac{1}{2}\int_\Omega\frac{|\nabla c_\varepsilon|^2}{c_\varepsilon^2}\left(\Delta c_\varepsilon-c_\varepsilon\frac{n_\varepsilon}{1+\varepsilon n_\varepsilon}\right)\mathrm{d}x\\
&=\int_\Omega\frac{\nabla c_\varepsilon\cdot\nabla\Delta c_\varepsilon}{c_\varepsilon}\mathrm{d}x-\int_\Omega\frac{\nabla n_\varepsilon\cdot\nabla c_\varepsilon}{(1+\varepsilon n_\varepsilon)^2}\mathrm{d}x-\int_\Omega\frac{|\nabla c_\varepsilon|^2}{c_\varepsilon}\frac{n_\varepsilon}{1+\varepsilon n_\varepsilon}\mathrm{d}x-\\
&\quad\frac{1}{2}\int_\Omega\frac{|\nabla c_\varepsilon|^2}{c_\varepsilon^2}\Delta c_\varepsilon\mathrm{d}x+\frac{1}{2}\int_\Omega\frac{|\nabla c_\varepsilon|^2}{c_\varepsilon}\frac{n_\varepsilon}{1+\varepsilon n_\varepsilon}\mathrm{d}x\\
&\leqslant-\int_\Omega\frac{|\Delta c_\varepsilon|^2}{c_\varepsilon}\mathrm{d}x+\frac{1}{2}\int_\Omega\frac{|\nabla c_\varepsilon|^2}{c_\varepsilon^2}\Delta c_\varepsilon\mathrm{d}x-\int_\Omega\frac{\nabla n_\varepsilon\cdot\nabla c_\varepsilon}{(1+\varepsilon n_\varepsilon)^2}\mathrm{d}x
\end{aligned}$$

再根据引理 5.2.4 可知，存在不依赖 ε 的常数 $K>0$ ， $K_1>0$ ，使得对任意 $t\in(0,T_{\max,\varepsilon})$ ，有

$$-\int_\Omega\frac{|\Delta c_\varepsilon|^2}{c_\varepsilon}\mathrm{d}x+\frac{1}{2}\int_\Omega\frac{|\nabla c_\varepsilon|^2}{c_\varepsilon^2}\Delta c_\varepsilon\mathrm{d}x\leqslant-K\int_\Omega c_\varepsilon\left|D^2\ln c_\varepsilon\right|^2\mathrm{d}x-K\int_\Omega\frac{|\nabla c_\varepsilon|^4}{c_\varepsilon^3}\mathrm{d}x+K_1\int_\Omega c_\varepsilon\mathrm{d}x$$

因此，对任意 $t\in(0,T_{\max,\varepsilon})$ ，有

$$\frac{1}{2}\frac{\mathrm{d}}{\mathrm{d}t}\int_\Omega\frac{|\nabla c_\varepsilon|^2}{c_\varepsilon}\mathrm{d}x\leqslant-K\int_\Omega c_\varepsilon\left|D^2\ln c_\varepsilon\right|^2\mathrm{d}x-K\int_\Omega\frac{|\nabla c_\varepsilon|^4}{c_\varepsilon^3}\mathrm{d}x+K_1\int_\Omega c_\varepsilon\mathrm{d}x-\int_\Omega\frac{\nabla n_\varepsilon\cdot\nabla c_\varepsilon}{(1+\varepsilon n_\varepsilon)^2}\mathrm{d}x \quad (5.2.10)$$

综合式（5.2.9）和式（5.2.10），对任意 $\varepsilon\in(0,1)$ ， $t\in(0,T_{\max,\varepsilon})$ ，有

$$\frac{\mathrm{d}}{\mathrm{d}t}\left(\int_\Omega n_\varepsilon\ln n_\varepsilon\mathrm{d}x+\frac{1}{2}\int_\Omega\frac{|\nabla c_\varepsilon|^2}{c_\varepsilon}\mathrm{d}x\right)+\int_\Omega\frac{|\nabla n_\varepsilon|^2}{n_\varepsilon}\mathrm{d}x+K\int_\Omega c_\varepsilon\left|D^2\ln c_\varepsilon\right|^2\mathrm{d}x+$$

$$\frac{\mu}{2}\int_\Omega n_\varepsilon^\alpha \ln n_\varepsilon \mathrm{d}x + K\int_\Omega \frac{|\nabla c_\varepsilon|^4}{c_\varepsilon^3}\mathrm{d}x$$
$$\leqslant K_1\int_\Omega c_\varepsilon \mathrm{d}x + 2C_1 \leqslant C$$

其中，$C := K_1\|c_0\|_{L^\infty(\Omega)} + 2C_1$。 □

由引理 5.2.5 可以直接得出以下估计。

引理 5.2.6　设初值函数 n_0, c_0 满足条件式（5.1.2），$\kappa\in\mathbb{R}$，$\mu>0$，则存在常数 $C>0$，使得对任意 $\varepsilon\in(0,1)$，$t\in(0,T_{\max,\varepsilon})$，有

$$\int_\Omega n_\varepsilon \ln n_\varepsilon \mathrm{d}x + \int_\Omega \frac{|\nabla c_\varepsilon|^2}{c_\varepsilon}\mathrm{d}x \leqslant C \tag{5.2.11}$$

且对任意 $\varepsilon\in(0,1)$，$t\in(0,T_{\max,\varepsilon}-\tau)$，有

$$\int_t^{t+\tau}\int_\Omega \frac{|\nabla n_\varepsilon|^2}{n_\varepsilon}\mathrm{d}x\mathrm{d}s + \int_t^{t+\tau}\int_\Omega n_\varepsilon^\alpha \ln n_\varepsilon \mathrm{d}x\mathrm{d}s \leqslant C \tag{5.2.12}$$

$$\int_t^{t+\tau}\int_\Omega c_\varepsilon \left|D^2 \ln c_\varepsilon\right|^2 \mathrm{d}x\mathrm{d}s + \int_t^{t+\tau}\int_\Omega \frac{|\nabla c_\varepsilon|^4}{c_\varepsilon^3}\mathrm{d}x\mathrm{d}s \leqslant C \tag{5.2.13}$$

$$\int_\Omega |\nabla c_\varepsilon|^2 \mathrm{d}x \leqslant C \tag{5.2.14}$$

证明　取定 $p\in\left(1,1+\dfrac{2}{N}\right)$，则对所有 $\xi>0$，有

$$\xi\ln\xi \leqslant \frac{1}{p(p-1)}\xi^p$$

根据 Gagliardo-Nirenberg（加利亚尔多–尼伦伯格）不等式，存在不依赖 ε 的常数 $C_1>0$，使得对任意 $t\in(0,T_{\max,\varepsilon})$，有

$$\begin{aligned}\int_\Omega n_\varepsilon \ln n_\varepsilon \mathrm{d}x &\leqslant \frac{1}{p(p-1)}\int_\Omega n_\varepsilon^p \mathrm{d}x\\ &= \frac{1}{p(p-1)}\left\|\sqrt{n_\varepsilon}\right\|_{L^{2p}(\Omega)}^{2p}\\ &\leqslant C_1\left(\left\|\nabla\sqrt{n_\varepsilon}\right\|_{L^2(\Omega)}^{2p\cdot\theta}\cdot\left\|\sqrt{n_\varepsilon}\right\|_{L^2(\Omega)}^{2p(1-\theta)} + \left\|\sqrt{n_\varepsilon}\right\|_{L^2(\Omega)}^{2p}\right)\end{aligned}$$

其中 $\theta := \dfrac{(p-1)N}{2p}\in(0,1)$，并且由于 $p\in\left(1,1+\dfrac{2}{N}\right)$，则有 $2p\cdot\theta<2$，因

此，由式（5.2.3）知，存在不依赖ε的常数$C_2>0$，$C_3>0$，使得对任意$t\in(0,T_{\max,\varepsilon})$，有

$$\begin{aligned}\int_\Omega n_\varepsilon \ln n_\varepsilon \mathrm{d}x &\leqslant C_2(\|\nabla\sqrt{n_\varepsilon}\|_{L^2(\Omega)}^2+1)\\&\leqslant C_3\int_\Omega \frac{|\nabla n_\varepsilon|^2}{n_\varepsilon}\mathrm{d}x+C_2\end{aligned}\tag{5.2.15}$$

另外，根据 Young（杨）不等式和$\|c_\varepsilon\|_{L^\infty(\Omega)}$的有界性可知，存在不依赖$\varepsilon$的常数$C_4>0$，$C_5>0$，使得对任意$t\in(0,T_{\max,\varepsilon})$，有

$$\begin{aligned}\int_\Omega \frac{|\nabla c_\varepsilon|^2}{c_\varepsilon}\mathrm{d}x &\leqslant C_4\int_\Omega \frac{|\nabla c_\varepsilon|^4}{c_\varepsilon^3}\mathrm{d}x+\frac{1}{4C_4}\int_\Omega c_\varepsilon \mathrm{d}x\\&\leqslant C_4\int_\Omega \frac{|\nabla c_\varepsilon|^4}{c_\varepsilon^3}\mathrm{d}x+C_5\end{aligned}\tag{5.2.16}$$

将式（5.2.15）和式（5.2.16）代入式（5.2.7）可知，存在不依赖ε的常数$C_6>0$，$C_7>0$，使得对任意$t\in(0,T_{\max,\varepsilon})$，有

$$\frac{\mathrm{d}}{\mathrm{d}t}\left(\int_\Omega n_\varepsilon \ln n_\varepsilon \mathrm{d}x+\frac{1}{2}\int_\Omega \frac{|\nabla c_\varepsilon|^2}{c_\varepsilon}\mathrm{d}x\right)+C_6\left(\int_\Omega n_\varepsilon \ln n_\varepsilon \mathrm{d}x+\frac{1}{2}\int_\Omega \frac{|\nabla c_\varepsilon|^2}{c_\varepsilon}\mathrm{d}x\right)+$$
$$K\int_\Omega c_\varepsilon |D^2\ln c_\varepsilon|^2 \mathrm{d}x+\frac{\mu}{2}\int_\Omega n_\varepsilon \ln n_\varepsilon \mathrm{d}x\leqslant C_7$$

其中K如引理 5.2.5 中所定义。

直接对上式关于时间变量积分，可得式（5.2.11）。

对式（5.2.7）关于时间变量积分，结合不等式$\int_\Omega n_\varepsilon \ln n_\varepsilon \mathrm{d}x\geqslant -\frac{|\Omega|}{\mathrm{e}}$，即可得式（5.2.12）和式（5.2.13）。

最后，由引理 5.2.2 和式（5.2.11），以及

$$\int_\Omega |\nabla c_\varepsilon|^2 \mathrm{d}x\leqslant \|c_0\|_{L^\infty(\Omega)}\int_\Omega \frac{|\nabla c_\varepsilon|^2}{c_\varepsilon}\mathrm{d}x$$

可证得式（5.2.14）成立。 □

由 Gagliardo-Nirenberg（加利亚尔多–尼伦伯格）不等式及引理 5.2.6 可以得到以下引理。

引理 5.2.7 设初值函数 n_0, c_0 满足条件式（5.1.2），$\kappa\in\mathbb{R}$，$\mu>0$，则存在常数 $C>0$，使得对任意 $\varepsilon\in(0,1)$，$t\in(0,T_{\max,\varepsilon}-\tau)$，有

$$\int_t^{t+\tau}\int_\Omega n_\varepsilon^{\frac{N+2}{N}}\mathrm{d}x\mathrm{d}s\leqslant C \tag{5.2.17}$$

$$\int_t^{t+\tau}\int_\Omega|\nabla n_\varepsilon|^{\frac{N+2}{N+1}}\mathrm{d}x\mathrm{d}s\leqslant C \tag{5.2.18}$$

证明 由式（5.2.12）可知，存在不依赖 ε 的常数 $C_1>0$，使得对任意 $t\in(0,T_{\max,\varepsilon}-\tau)$，有

$$\int_t^{t+\tau}\int_\Omega|\nabla\sqrt{n_\varepsilon}|^2\,\mathrm{d}x\mathrm{d}s\leqslant C_1 \tag{5.2.19}$$

根据 Gagliardo-Nirenberg（加利亚尔多–尼伦伯格）不等式可知，存在不依赖 ε 的常数 $C_2>0$，$C_3>0$，使得对任意 $t\in(0,T_{\max,\varepsilon}-\tau)$，有

$$\begin{aligned}&\int_t^{t+\tau}\int_\Omega n_\varepsilon^{\frac{N+2}{N}}\mathrm{d}x\mathrm{d}s\\&=\int_t^{t+\tau}\left\|\sqrt{n_\varepsilon}\right\|_{L^{\frac{2(N+2)}{N}}(\Omega)}^{\frac{2(N+2)}{N}}\mathrm{d}s\\&\leqslant C_2\int_t^{t+\tau}\left\|\nabla\sqrt{n_\varepsilon}\right\|_{L^2(\Omega)}^2\cdot\left\|\sqrt{n_\varepsilon}\right\|_{L^2(\Omega)}^{\frac{4}{N}}+\left\|\sqrt{n_\varepsilon}\right\|_{L^2(\Omega)}^{\frac{2(N+2)}{N}}\mathrm{d}s\leqslant C_3\end{aligned} \tag{5.2.20}$$

综合 Young（杨）不等式、式（5.2.19）和式（5.2.20）可知，存在不依赖 ε 的正常数 C_4，使得对任意 $t\in(0,T_{\max,\varepsilon}-\tau)$，有

$$\begin{aligned}&\int_t^{t+\tau}\int_\Omega|\nabla n_\varepsilon|^{\frac{N+2}{N+1}}\mathrm{d}x\mathrm{d}s\\&=\int_t^{t+\tau}\int_\Omega\left(\frac{|\nabla n_\varepsilon|^2}{n_\varepsilon}\right)^{\frac{N+2}{2N+2}}\cdot n_\varepsilon^{\frac{N+2}{2N+2}}\mathrm{d}x\mathrm{d}s\\&\leqslant\frac{N+2}{2N+2}\int_t^{t+\tau}\int_\Omega\frac{|\nabla n_\varepsilon|^2}{n_\varepsilon}\mathrm{d}x\mathrm{d}s+\frac{N}{2N+2}\int_t^{t+\tau}\int_\Omega n_\varepsilon^{\frac{N+2}{N}}\mathrm{d}x\mathrm{d}s\leqslant C_4\end{aligned}$$ □

引理 5.2.8 设初值函数 n_0, c_0 满足条件式（5.1.2），$\kappa\in\mathbb{R}$，$\mu>0$，则存在常数 $C>0$，使得对任意 $\varepsilon\in(0,1)$，$t\in(0,T_{\max,\varepsilon}-\tau)$，有

$$\int_t^{t+\tau}\int_\Omega|n_\varepsilon\nabla c_\varepsilon|^{\frac{4(N+2)}{5N+2}}\mathrm{d}x\mathrm{d}s\leqslant C$$

证明 根据式（5.2.13）和式（5.2.4）可知，存在不依赖 ε 的常数 $C_1>0$，

使得对任意$t\in(0,T_{\max,\varepsilon}-\tau)$，有

$$\int_t^{t+\tau}\int_\Omega|\nabla c_\varepsilon|^4\mathrm{d}x\mathrm{d}s=\int_t^{t+\tau}\int_\Omega\frac{|\nabla c_\varepsilon|^4}{c_\varepsilon^3}\cdot c_\varepsilon^3\mathrm{d}x\mathrm{d}s\leqslant C_1 \tag{5.2.21}$$

根据 Young（杨）不等式和式（5.2.17）知，存在不依赖ε的正常数C_2，使得对任意$t\in(0,T_{\max,\varepsilon}-\tau)$，有

$$\begin{aligned}&\int_t^{t+\tau}\int_\Omega|n_\varepsilon\nabla c_\varepsilon|^{\frac{4(N+2)}{5N+2}}\mathrm{d}x\mathrm{d}s\\&\leqslant\frac{4N}{5N+2}\int_t^{t+\tau}\int_\Omega|n_\varepsilon|^{\frac{N+2}{N}}\mathrm{d}x\mathrm{d}s+\frac{N+2}{5N+2}\int_t^{t+\tau}\int_\Omega|\nabla c_\varepsilon|^4\mathrm{d}x\mathrm{d}s\leqslant C_2\end{aligned}$$

□

引理 5.2.9 设初值函数n_0, c_0满足条件式（5.1.2），$\kappa\in\mathbb{R}$，$\mu>0$，则存在常数$C>0$，使得对任意$\varepsilon\in(0,1)$，$t\in(0,T_{\max,\varepsilon}-\tau)$，有

$$\int_t^{t+\tau}\int_\Omega|n_\varepsilon\nabla c_\varepsilon|^{\frac{4\alpha}{4+\alpha}}\mathrm{d}x\mathrm{d}s\leqslant C$$

证明 根据 Young（杨）不等式及式（5.2.6）和式（5.2.21）可知，存在不依赖ε的正常数C，使得对任意$t\in(0,T_{\max,\varepsilon}-\tau)$，有

$$\begin{aligned}&\int_t^{t+\tau}\int_\Omega|n_\varepsilon\nabla c_\varepsilon|^{\frac{4\alpha}{4+\alpha}}\mathrm{d}x\mathrm{d}s\\&\leqslant\frac{4}{4+\alpha}\int_t^{t+\tau}\int_\Omega|n_\varepsilon|^{\alpha}\mathrm{d}x\mathrm{d}s+\frac{\alpha}{4+\alpha}\int_t^{t+\tau}\int_\Omega|\nabla c_\varepsilon|^4\mathrm{d}x\mathrm{d}s\leqslant C\end{aligned}$$

□

下面证明对任意$\varepsilon\in(0,1)$，初边值问题（5.2.1）的经典解是整体存在的。

引理 5.2.10 设初值函数n_0, c_0满足条件式（5.1.2），$\kappa\in\mathbb{R}$，$\mu>0$，则对任意$\varepsilon\in(0,1)$，都有$T_{\max,\varepsilon}=\infty$。

证明 利用反证法。假设存在$\varepsilon\in(0,1)$使得$T_{\max,\varepsilon}<\infty$。取定$q\geqslant N+1$，由 Neumann（诺依曼）热半群性质、引理 5.2.2 和$\dfrac{n_\varepsilon}{1+\varepsilon n_\varepsilon}\leqslant\dfrac{1}{\varepsilon}$，可知存在常数$C_i>0$（$i=1,2,3,4$），使得对任意$t\in(0,T_{\max,\varepsilon})$，有

$$\begin{aligned}&\|\nabla c_\varepsilon\|_{L^q(\Omega)}\\&=\left\|\nabla\mathrm{e}^{t\Delta}c_0-\int_0^t\nabla\left(\mathrm{e}^{(t-s)\Delta}\left(c_\varepsilon\cdot\frac{n_\varepsilon}{1+\varepsilon n_\varepsilon}\right)\right)\mathrm{d}s\right\|_{L^q(\Omega)}\end{aligned}$$

$$\leqslant \left\|\nabla \mathrm{e}^{t\Delta} c_0\right\|_{L^q(\Omega)} + C_1\int_0^t [1+(t-s)^{-\frac{1}{2}}]\mathrm{e}^{-\lambda t}\left\|c_\varepsilon \cdot \frac{n_\varepsilon}{1+\varepsilon n_\varepsilon}\right\|_{L^q(\Omega)}\mathrm{d}s$$

$$\leqslant C_2\left\|\nabla c_0\right\|_{L^q(\Omega)} + \frac{C_3}{\varepsilon}\int_0^t [1+(t-s)^{-\frac{1}{2}}]\mathrm{e}^{-\lambda t}\mathrm{d}s$$

$$\leqslant C_4(\varepsilon,T) \tag{5.2.22}$$

类似地，由于 $\kappa n_\varepsilon - \mu n_\varepsilon^\alpha$ 是有界的，且 $\dfrac{n_\varepsilon}{(1+\varepsilon n_\varepsilon)^2} \leqslant \dfrac{n_\varepsilon}{1+\varepsilon n_\varepsilon} \leqslant \dfrac{1}{\varepsilon}$，因此存在常数 $C_i > 0$（$i = 5,6,7,8$），使得对任意 $t \in (0, T_{\max,\varepsilon})$，有

$$\begin{aligned}
&\left\|n_\varepsilon\right\|_{L^\infty(\Omega)} \\
&= \left\|\mathrm{e}^{t\Delta} n_0 + \int_0^t \mathrm{e}^{(t-s)\Delta}\left(-\nabla\left(\frac{n_\varepsilon}{(1+\varepsilon n_\varepsilon)^2}\cdot\nabla c_\varepsilon\right) + \kappa n_\varepsilon - \mu n_\varepsilon^\alpha\right)\mathrm{d}s\right\|_{L^\infty(\Omega)} \\
&\leqslant \left\|\nabla \mathrm{e}^{t\Delta} n_0\right\|_{L^\infty(\Omega)} + C_5\int_0^t [1+(t-s)^{-\frac{1}{2}-\frac{N}{2N+2}}]\mathrm{e}^{-\lambda t}\left\|\frac{n_\varepsilon}{(1+\varepsilon n_\varepsilon)^2}\cdot\nabla c_\varepsilon\right\|_{L^\infty(\Omega)}\mathrm{d}s + \\
&\quad \int_0^t \left\|\mathrm{e}^{(t-s)\Delta}(\kappa n_\varepsilon - \mu n_\varepsilon^\alpha)\right\|_{L^\infty(\Omega)}\mathrm{d}s \\
&\leqslant \left\|\nabla \mathrm{e}^{t\Delta} n_0\right\|_{L^\infty(\Omega)} + \frac{C_6}{\varepsilon}\int_0^t [1+(t-s)^{-\frac{1}{2}-\frac{N}{2N+2}}]\mathrm{e}^{-\lambda t}\left\|\nabla c_\varepsilon\right\|_{L^{N+1}(\Omega)}\mathrm{d}s + C_7 \\
&\leqslant C_8(\varepsilon,T)
\end{aligned}$$

结合式（5.2.22）可知，存在常数 $C_9 > 0$，使得对任意 $t \in (0, T_{\max,\varepsilon})$，有

$$\left\|n_\varepsilon\right\|_{L^\infty(\Omega)} + \left\|\nabla c_\varepsilon\right\|_{L^q(\Omega)} \leqslant C_9(\varepsilon,T)$$

这与式（5.2.2）矛盾，从而有 $T_{\max,\varepsilon} = \infty$。 □

后面部分将用到 Aubin-Lions（奥宾–利翁斯）引理去证明初边值问题（5.2.1）的经典解收敛到初边值问题（5.1.1）的弱解，接下来先给出 n_ε 和 c_ε 关于时间导数的有界性估计。

5.3 时间导数的有界性估计

引理 5.3.1　设初值函数 n_0, c_0 满足条件式（5.1.2），$\kappa \in \mathbb{R}$，$\mu > 0$，当 $N < 6$ 且 $\alpha > 1$，或者 $N \geqslant 6$ 且 $\alpha > \dfrac{4}{3}$ 时，对任意 $T > 0$，存在常数 $C > 0$，使

得对任意$\varepsilon \in (0,1)$，有

$$\|n_{\varepsilon t}\|_{L^1((0,T);(W^{1,\infty}(\Omega))^*)} \leqslant C \tag{5.3.1}$$

证明 （1）当$N<6$时，选取$\varphi \in C_0^\infty(\Omega)$且满足$\|\varphi\|_{W^{1,\infty}(\Omega)} \leqslant 1$。将方程组（5.2.1）的第一个方程左右两端同时乘以φ，然后关于空间变量分部积分，有

$$\int_\Omega n_{\varepsilon t} \cdot \varphi \mathrm{d}x = -\int_\Omega \nabla n_\varepsilon \cdot \nabla \varphi \mathrm{d}x + \int_\Omega n_\varepsilon \nabla c_\varepsilon \cdot \nabla \varphi \mathrm{d}x + \kappa \int_\Omega n_\varepsilon \varphi \mathrm{d}x - \mu \int_\Omega n_\varepsilon^\alpha \varphi \mathrm{d}x$$

进一步，对任意$T>0$，关于时间变量积分有

$$\begin{aligned}
&\int_0^T \sup_{\|\varphi\|_{W^{1,\infty}(\Omega)} \leqslant 1} \left| \int_\Omega n_{\varepsilon t} \cdot \varphi \mathrm{d}x \right| \mathrm{d}t \\
\leqslant &\int_0^T \sup_{\|\varphi\|_{W^{1,\infty}(\Omega)} \leqslant 1} \left(\left| \int_\Omega \nabla n_\varepsilon \cdot \nabla \varphi \mathrm{d}x \right| + \left| \int_\Omega n_\varepsilon \nabla c_\varepsilon \cdot \nabla \varphi \mathrm{d}x \right| + \left| \kappa \int_\Omega n_\varepsilon \varphi \mathrm{d}x \right| + \mu \left| \int_\Omega n_\varepsilon^\alpha \varphi \mathrm{d}x \right| \right) \mathrm{d}t
\end{aligned}$$

根据 Young（杨）不等式及$\|\varphi\|_{W^{1,\infty}(\Omega)} \leqslant 1$可知，存在不依赖$\varepsilon$的常数$C_1>0$，有

$$\begin{aligned}
&\|n_{\varepsilon t}\|_{L^1((0,T);(W^{1,\infty}(\Omega))^*)} \\
\leqslant &\int_0^T \left(\int_\Omega |\nabla n_\varepsilon| \mathrm{d}x + \int_\Omega |n_\varepsilon \nabla c_\varepsilon| \mathrm{d}x + \kappa_+ \int_\Omega n_\varepsilon \mathrm{d}x + \mu \int_\Omega n_\varepsilon^\alpha \mathrm{d}x \right) \mathrm{d}t \\
\leqslant &\int_0^T \left(\int_\Omega |\nabla n_\varepsilon| \mathrm{d}x + \int_\Omega |n_\varepsilon \nabla c_\varepsilon|^{\frac{4(N+2)}{5N+2}} \mathrm{d}x + \kappa_+ \int_\Omega n_\varepsilon \mathrm{d}x + \mu \int_\Omega n_\varepsilon^\alpha \mathrm{d}x + C_1 \right) \mathrm{d}t
\end{aligned}$$

再结合引理5.2.2、引理5.2.3、引理5.2.7及引理5.2.8的结论，即得式（5.3.1）。

（2）当$N \geqslant 6$时，由$\alpha > \dfrac{4}{3}$可知$\dfrac{4\alpha}{4+\alpha} > 1$成立。用与上面类似的证明方法，可得

$$\begin{aligned}
&\|n_{\varepsilon t}\|_{L^1((0,T);(W^{1,\infty}(\Omega))^*)} \\
\leqslant &\int_0^T \left(\int_\Omega |\nabla n_\varepsilon| \mathrm{d}x + \int_\Omega |n_\varepsilon \nabla c_\varepsilon| \mathrm{d}x + \kappa_+ \int_\Omega n_\varepsilon \mathrm{d}x + \mu \int_\Omega n_\varepsilon^\alpha \mathrm{d}x \right) \mathrm{d}t \\
\leqslant &\int_0^T \left(\int_\Omega |\nabla n_\varepsilon| \mathrm{d}x + \int_\Omega |n_\varepsilon \nabla c_\varepsilon|^{\frac{4\alpha}{4+\alpha}} \mathrm{d}x + \kappa_+ \int_\Omega n_\varepsilon \mathrm{d}x + \mu \int_\Omega n_\varepsilon^\alpha \mathrm{d}x + C_2 \right) \mathrm{d}t
\end{aligned}$$

综合引理5.2.2、引理5.2.3、引理5.2.7及引理5.2.9的结论，可得式（5.3.1）。 □

引理 5.3.2 设初值函数n_0, c_0满足条件式（5.1.2），$\kappa \in \mathbb{R}$，$\mu > 0$，则存在常数$C>0$，使得对任意$\varepsilon \in (0,1)$及$T>0$，有

$$\|c_{\varepsilon t}\|_{L^1((0,T);(W_0^{N,2}(\Omega))^*)} \leqslant C \tag{5.3.2}$$

证明 把方程组（5.2.1）的第二个方程左右两边同时乘以测试函数 ψ，其中 $\psi \in L^\infty((0,T);W_0^{N,2}(\Omega))$，然后关于空间变量分部积分，并应用 Hölder（霍德尔）不等式，有

$$\begin{aligned}
&\left|\int_0^T\int_\Omega c_{\varepsilon t}\cdot\psi \mathrm{d}x\mathrm{d}t\right| \\
=&\left|-\int_0^T\int_\Omega \nabla c_\varepsilon\cdot\nabla\psi - c_\varepsilon\frac{n_\varepsilon}{(1+\varepsilon n_\varepsilon)}\psi \mathrm{d}x\mathrm{d}t\right| \\
\leqslant&\|\nabla\psi\|_{L^2(\Omega\times(0,T))}\cdot\int_0^T\|\nabla c_\varepsilon\|_{L^2(\Omega)}\mathrm{d}t+\|c_\varepsilon\|_{L^\infty(\Omega\times(0,T))}\cdot\|\psi\|_{L^\infty((0,T);L^\infty(\Omega))}\cdot\int_0^T\|n_\varepsilon\|_{L^1(\Omega)}\mathrm{d}t
\end{aligned}$$

因为 $W_0^{N,2}(\Omega)$ 嵌入 $L^\infty(\Omega)$，根据式（5.2.3）和式（5.2.14）可得 $\|\nabla c_\varepsilon\|_{L^2(\Omega)}$ 和 $\|n_\varepsilon\|_{L^1(\Omega)}$ 的有界性，则可得式（5.3.2）。 □

5.4 主要结果证明

为了得到初边值问题（5.1.1）整体弱解的存在性，还需要下面的收敛性。

引理 5.4.1 设初值函数 n_0, c_0 满足条件式（5.1.2），$\kappa\in\mathbb{R}$，$\mu>0$，则存在函数 n, c 及 $(\varepsilon_j)_{j\in\mathbb{R}}\subset(0,1)$，使得当 $j\to\infty$ 时，有 $\varepsilon_j\searrow 0$，并且当 $\varepsilon=\varepsilon_j\searrow 0$ 时，有

$$n_\varepsilon\to n\text{，在 } L_{\mathrm{loc}}^{\frac{N+2}{N+1}}(\bar{\Omega}\times[0,\infty))\text{ 上} \tag{5.4.1}$$

$$n_\varepsilon\to n\text{，a.e.在 }\Omega\times(0,\infty)\text{ 上} \tag{5.4.2}$$

$$\nabla n_\varepsilon\rightharpoonup\nabla n\text{，在 } L_{\mathrm{loc}}^{\frac{N+2}{N+1}}((0,\infty);L^{\frac{N+2}{N+1}}(\Omega))\text{ 上} \tag{5.4.3}$$

$$n_\varepsilon^\alpha\to n^\alpha\text{，在 } L_{\mathrm{loc}}^1(\bar{\Omega}\times(0,\infty))\text{ 上} \tag{5.4.4}$$

$$c_\varepsilon\to c\text{，在 } L_{\mathrm{loc}}^2(\bar{\Omega}\times[0,\infty))\text{ 上} \tag{5.4.5}$$

$$c_\varepsilon\to c\text{，a.e.在 }\Omega\times(0,\infty)\text{ 上} \tag{5.4.6}$$

$$c_\varepsilon\overset{*}{\rightharpoonup} c\text{，在 } L^\infty((0,\infty);L^p(\Omega))\text{上，}\quad p\in[1,\infty] \tag{5.4.7}$$

$$\nabla c_\varepsilon\rightharpoonup\nabla c\text{，在 } L_{\mathrm{loc}}^4([0,\infty);L^4(\Omega))\text{ 上} \tag{5.4.8}$$

$$\frac{n_\varepsilon}{(1+\varepsilon n_\varepsilon)^2}\nabla c_\varepsilon\rightharpoonup n\nabla c\text{，在 } L_{\mathrm{loc}}^{\frac{4(N+2)}{5N+2}}(\bar{\Omega}\times(0,\infty))\text{ 上} \tag{5.4.9}$$

$$\frac{n_\varepsilon}{(1+\varepsilon n_\varepsilon)^2}\nabla c_\varepsilon \rightharpoonup n\nabla c\text{，在 } L_{\mathrm{loc}}^{\frac{4\alpha}{4+\alpha}}(\bar{\Omega}\times(0,\infty)) \tag{5.4.10}$$

证明 由引理 5.2.7 可知，$\{n_\varepsilon\}_{\varepsilon\in(0,1)}$ 在 $L^{\frac{N+2}{N+1}}((0,T);W^{1,\frac{N+2}{N+1}}(\Omega))$ 中有界，由引理 5.3.1 知 $\{n_{\varepsilon t}\}_{\varepsilon\in(0,1)}$ 在 $L^1((0,T);(W^{1,\infty}(\Omega))^*)$ 中有界，则由 Aubin-Lions（奥宾–利翁斯）引理可知：存在子列 ε_j，为方便仍记作 $\varepsilon=\varepsilon_j$，当 $\varepsilon=\varepsilon_j\searrow 0$ 时，有

$$n_\varepsilon \to n\text{，在 } L_{\mathrm{loc}}^{\frac{N+2}{N+1}}(\bar{\Omega}\times[0,\infty))\text{ 上}$$

即式（5.4.1）得证。进一步有式（5.4.2）成立。

类似地，由式（5.2.4）和式（5.2.14）知：$\{c_\varepsilon\}_{\varepsilon\in(0,1)}$ 在 $L^2((0,T);W^{1,2}(\Omega))$ 中有界，再根据引理 5.3.2 及 Aubin-Lions（奥宾–利翁斯）引理可知 $\{c_\varepsilon\}_{\varepsilon\in(0,1)}$ 在 $L^2((0,T);W^{1,2}(\Omega))$ 中是列紧的，且分别存在一列合适的子列，使得式（5.4.5）和式（5.4.6）成立。

由引理 5.2.6 知 $\int_0^T\int_\Omega n_\varepsilon^\alpha \ln n_\varepsilon \mathrm{d}x\mathrm{d}t$ 是有界的，直接计算

$$\begin{aligned}
&\inf_{b\geqslant 0}\sup_{\varepsilon\in(0,1)}\int_0^T\int_{\{n_\varepsilon^\alpha \ln n_\varepsilon>b\}}\left|n_\varepsilon^\alpha \ln n_\varepsilon\right|\mathrm{d}x\mathrm{d}t\\
\leqslant&\inf_{b>1}\sup_{\varepsilon\in(0,1)}\int_0^T\int_{\{n_\varepsilon^\alpha \ln n_\varepsilon>b\}} n_\varepsilon^\alpha \ln n_\varepsilon\mathrm{d}x\mathrm{d}t\\
\leqslant&\inf_{b>1}\sup_{\varepsilon\in(0,1)}\int_0^T\int_{\{n_\varepsilon^{\alpha+1}>b\}} n_\varepsilon^\alpha \ln n_\varepsilon\mathrm{d}x\mathrm{d}t\\
\leqslant&\inf_{b>1}\sup_{\varepsilon\in(0,1)}\int_0^T\int_{\{(\alpha+1)\ln n_\varepsilon>\ln b\}} n_\varepsilon^\alpha(\ln n_\varepsilon)\ln n_\varepsilon\cdot\frac{\alpha+1}{\ln b}\mathrm{d}x\mathrm{d}t\\
\leqslant&\inf_{b>1}\frac{(\alpha+1)C(T)}{\ln b}=0
\end{aligned}$$

根据式（5.2.12），有

$$\begin{aligned}
\inf_{b\geqslant 0}\sup_{\varepsilon\in(0,1)}\int_0^T\int_{\{n_\varepsilon^\alpha>b\}} n_\varepsilon^\alpha\mathrm{d}x\mathrm{d}t&\leqslant\inf_{b>1}\sup_{\varepsilon\in(0,1)}\int_0^T\int_{\{n_\varepsilon^\alpha>b\}} n_\varepsilon^\alpha \ln n_\varepsilon\frac{1}{\ln b}\mathrm{d}x\mathrm{d}t\\
&\leqslant\inf_{b>1}\frac{C(T)}{\ln b}=0
\end{aligned}$$

所以 $\{n_\varepsilon^\alpha \ln n_\varepsilon\}_{\varepsilon\in(0,1)}$ 和 $\{n_\varepsilon^\alpha\}_{\varepsilon\in(0,1)}$ 是一致有界的，再根据式（5.4.1）和式（5.4.2）及 Vitali（维塔利）收敛定理可得式（5.4.4）。

因为$\left|\frac{n_\varepsilon}{(1+\varepsilon n_\varepsilon)^2}\nabla c_\varepsilon\right|\leqslant|n_\varepsilon\nabla c_\varepsilon|$，则由引理 5.2.8 和引理 5.2.9 可知，分别存在一列合适的子列，使得式（5.4.9）和式（5.4.10）成立。

最后由式（5.2.18）、式（5.2.4）和式（5.2.21）可知，分别存在一列合适的子列，使得式（5.4.3）、式（5.4.7）和式（5.4.8）成立。 □

定理 5.4.1 设初始函数n_0, c_0满足条件式（5.1.2），$\Omega\subset\mathbb{R}^N$（$N\geqslant 1$）为具有光滑边界的有界区域，$\kappa\in\mathbb{R}$，$\mu>0$且

$$\begin{cases}\alpha>1, & \text{当}N<6\text{时}\\ \alpha>\dfrac{4}{3}, & \text{当}N\geqslant 6\text{时}\end{cases}$$

则存在函数$n\in L^1_{\mathrm{loc}}([0,\infty);L^1(\Omega))$和$c\in L^1_{\mathrm{loc}}([0,\infty);W^{1,1}(\Omega))$，使得$n\geqslant 0$和$c\geqslant 0$在$\Omega\times(0,\infty)$上几乎处处成立，并且$(n,c)$在定义 5.1.1 的意义下是初边值问题（5.1.1）的整体弱解。

证明 根据引理 5.2.1、式（5.4.2）和式（5.4.6）可知$n\geqslant 0$和$c\geqslant 0$。下面证明(n,c)是初边值问题（5.1.1）的整体弱解。

将初边值问题（5.2.1）的前两个方程的两边分别同时乘以$\xi\in C_0^\infty(\Omega\times[0,\infty))$，然后关于空间变量分部积分，则对任意$\varepsilon\in(0,1)$，有

$$\begin{aligned}&-\int_0^\infty\int_\Omega n_\varepsilon\xi_t\mathrm{d}x\mathrm{d}t-\int_\Omega n_0\xi(\cdot,0)\mathrm{d}x\\&=-\int_0^\infty\int_\Omega\nabla n_\varepsilon\cdot\nabla\xi\mathrm{d}x\mathrm{d}t+\int_0^\infty\int_\Omega\frac{n_\varepsilon}{(1+\varepsilon n_\varepsilon)^2}\nabla c_\varepsilon\cdot\nabla\xi\mathrm{d}x\mathrm{d}t+\kappa\int_0^\infty\int_\Omega\xi n_\varepsilon\mathrm{d}x\mathrm{d}t-\mu\int_0^\infty\int_\Omega\xi n_\varepsilon^\alpha\mathrm{d}x\mathrm{d}t\end{aligned}$$

和

$$-\int_0^\infty\int_\Omega c_\varepsilon\xi_t\mathrm{d}x\mathrm{d}t-\int_\Omega c_0\xi(\cdot,0)\mathrm{d}x=-\int_0^\infty\int_\Omega\nabla c_\varepsilon\cdot\nabla\xi\mathrm{d}x\mathrm{d}t-\int_0^\infty\int_\Omega c_\varepsilon\frac{n_\varepsilon}{1+\varepsilon n_\varepsilon}\xi\mathrm{d}x\mathrm{d}t$$

由引理 5.4.1 可知，当$\varepsilon=\varepsilon_j\searrow 0$时，有

$$-\int_0^\infty\int_\Omega n_\varepsilon\xi_t\mathrm{d}x\mathrm{d}t\to-\int_0^\infty\int_\Omega n\xi_t\mathrm{d}x\mathrm{d}t$$

$$-\int_0^\infty\int_\Omega\nabla n_\varepsilon\cdot\nabla\xi\mathrm{d}x\mathrm{d}t\to-\int_0^\infty\int_\Omega\nabla n\cdot\nabla\xi\mathrm{d}x\mathrm{d}t$$

和

$$\kappa\int_0^{\infty}\int_{\Omega}\xi n_{\varepsilon}\mathrm{d}x\mathrm{d}t \to \kappa\int_0^{\infty}\int_{\Omega}\xi n\mathrm{d}x\mathrm{d}t$$

$$-\mu\int_0^{\infty}\int_{\Omega}\xi n_{\varepsilon}^{\alpha}\mathrm{d}x\mathrm{d}t \to -\mu\int_0^{\infty}\int_{\Omega}\xi n^{\alpha}\mathrm{d}x\mathrm{d}t$$

以及

$$-\int_0^{\infty}\int_{\Omega}c_{\varepsilon}\xi_t\mathrm{d}x\mathrm{d}t \to -\int_0^{\infty}\int_{\Omega}c\xi_t\mathrm{d}x\mathrm{d}t$$

$$-\int_0^{\infty}\int_{\Omega}\nabla c_{\varepsilon}\cdot\nabla\xi\mathrm{d}x\mathrm{d}t \to -\int_0^{\infty}\int_{\Omega}\nabla c\cdot\nabla\xi\mathrm{d}x\mathrm{d}t$$

$$-\int_0^{\infty}\int_{\Omega}c_{\varepsilon}\frac{n_{\varepsilon}}{1+\varepsilon n_{\varepsilon}}\xi\mathrm{d}x\mathrm{d}t \to -\int_0^{\infty}\int_{\Omega}cn\xi\mathrm{d}x\mathrm{d}t$$

另外，当$N<6$时，有$\dfrac{4(N+2)}{5N+2}>1$；当$N\geqslant 6$时，由$\alpha>\dfrac{4}{3}$可知$\dfrac{4\alpha}{4+\alpha}>1$，则由引理 5.4.1 可知，当$\varepsilon=\varepsilon_j\searrow 0$时，有

$$\int_0^{\infty}\int_{\Omega}\frac{n_{\varepsilon}}{(1+\varepsilon n_{\varepsilon})^2}\nabla c_{\varepsilon}\cdot\nabla\xi\mathrm{d}x\mathrm{d}t \to \int_0^{\infty}\int_{\Omega}n\nabla c\cdot\nabla\xi\mathrm{d}x\mathrm{d}t$$

综合以上逼近式，可得式（5.1.3）和式（5.1.4）成立。 □

5.5 本章小结

本章主要通过对泛函$\int_{\Omega}n_{\varepsilon}\ln n_{\varepsilon}\mathrm{d}x+\dfrac{1}{2}\int_{\Omega}\dfrac{|\nabla c_{\varepsilon}|^2}{c_{\varepsilon}}\mathrm{d}x$进行讨论，得到$n_{\varepsilon}$和$c_{\varepsilon}$的一些有界性估计，进而得到初边值问题（5.1.1）在没有小初值条件下整体弱解的存在性。这种方法在空间维数$N\geqslant 6$时，要求条件$\alpha>\dfrac{4}{3}$成立，还不能将此条件优化为形式$\alpha>1$。

第 6 章　带 logistic 源的高维趋化系统的爆破

6.1　趋化系统爆破的研究现状

当$\tau = 0$时，方程组（1.1.2）变为如下形式

$$\begin{cases} n_t = \Delta n - \chi \nabla \cdot (n \nabla c) + \lambda n - \mu n^{\alpha}, & x \in \Omega,\ t > 0 \\ 0 = \Delta c + \overline{m}(t) - c, & x \in \Omega,\ t > 0 \end{cases} \tag{6.1.1}$$

其中$\Omega \subset \mathbb{R}^N$（$N \geqslant 1$）是球，$\overline{m}(t) = \dfrac{1}{|\Omega|}\int_{\Omega} n(x,t)\mathrm{d}x$，$\chi > 0$，$\lambda \geqslant 0$，$\mu \geqslant 0$，$\alpha > 1$，$\lambda n - \mu n^{\alpha}$代表细胞的出生和死亡。方程组（6.1.1）的齐次 Neumann（诺依曼）初边值问题的解在高维情况$N \geqslant 5$、$\alpha < \dfrac{3}{2} + \dfrac{1}{2N-2}$时，会在有限时刻发生爆破[12]。

当考虑抛物–椭圆型的 Keller-Segel（凯勒–西格尔）方程组的 Cauchy 问题时，学者们考虑如下初值问题（极小模型）

$$\begin{cases} n_t = \Delta n - \chi \nabla \cdot (n \nabla c), & x \in \mathbb{R}^n, t > 0 \\ 0 = \Delta c + n, & x \in \mathbb{R}^n, t > 0 \\ n(x,0) = n_0(x), & x \in \mathbb{R}^n \end{cases} \tag{6.1.2}$$

解的情况：当$N \geqslant 2$时，如果$\int_{\mathbb{R}^N} n_0 \mathrm{d}x > 8\pi$，初值问题（6.1.2）会发生有限时刻爆破[13]。进一步存在$C(N) > 0$，如果$\int_{\mathbb{R}^N} n_0(x)\mathrm{e}^{-|x|^2}\mathrm{d}x > C(N)$，则初值问题（6.1.2）会在有限时刻发生爆破[14]。

在初值问题（6.1.2）的基础上把细胞自身的出生和死亡考虑进去，即：在第一个方程中加上 logistic 源，便得到如下模型

$$\begin{cases} n_t = \Delta n - \chi\nabla\cdot(n\nabla c) + \lambda n - \mu n^{\alpha}, & x\in\mathbb{R}^N, t>0 \\ 0 = \Delta c + n, & x\in\mathbb{R}^N, t>0 \\ n(x,0) = n_0(x), & x\in\mathbb{R}^N \end{cases} \tag{6.1.3}$$

其中 $\lambda \geqslant 0$，$\mu > 0$，$\alpha > 1$。初值满足如下条件

$$n_0(x) \in \mathrm{BUC}(\mathbb{R}^N)\cap C^1(\mathbb{R}^N)\cap L^1(\mathbb{R}^N)\cap L^{\kappa}(\mathbb{R}^N),$$
$$\text{且 } n_0(x) \text{ 为正的径向对称函数} \tag{6.1.4}$$

其中 $\mathrm{BUC}(\mathbb{R}^N)$ 是 $\mathbb{R}^N$ 中有界且连续的函数构成的 Banach（巴拿赫）空间。

对初值问题（6.1.3）的研究较少，本章将对此模型解的爆破问题进行研究：对未知函数 $n(x,t)$ 做一种质量转换，将初值问题（6.1.3）的前两个方程转换为单个抛物方程

$$z_t = N^2 s^{2-\frac{2}{N}} z_{ss} + N\chi z z_s + \lambda z - \mu N^{\alpha-1}\int_0^s z_s^{\alpha}(\sigma,t)\mathrm{d}\sigma$$

其中

$$z(s,t) = \int_0^{s^{\frac{1}{N}}} \rho^{N-1} n(\rho,t)\mathrm{d}\rho, \quad s\in[0,\infty), \quad t\in[0,T_{\max}) \tag{6.1.5}$$

通过对这个单个抛物方程的解 z 的性质进行充分估计和分析，可以得到我们想要的结论。

6.2 预备知识

引理 6.2.1 设 $N\geqslant 3$，$\lambda\geqslant 0$，$\mu\geqslant 0$，$\alpha>1$，且对任意 $\kappa > \dfrac{N}{N-1}$，条件式（6.1.4）都成立，则存在 $T_{\max}\in(0,\infty]$ 使得初值问题（6.1.3）在 $\mathbb{R}^N\times(0,T_{\max})$ 上存在唯一经典解 (n,c)，满足

$$\begin{cases} n(\cdot,t)\in C^0([0,T_{\max});\ \mathrm{BUC}(\mathbb{R}^N)\cap C^1(\mathbb{R}^N)\cap L^1(\mathbb{R}^N)\cap L^{\kappa}(\mathbb{R}^N))\cap C^{2,1}(\mathbb{R}^N\times(0,T_{\max})) \\ c(\cdot,t)\in C^0([0,T_{\max});\ W^{1,q}(\mathbb{R}^N)\cap W^{1,1}(\mathbb{R}^N))\cap C^{2,0}(\mathbb{R}^N\times(0,T_{\max})) \end{cases}$$

且对任意 $q>N$，当 $T_{\max}<\infty$ 时，有

$$\limsup_{t\to T_{\max}}\left(\|n(\cdot,t)\|_{L^{\infty}(\mathbb{R}^N)} + \|n(\cdot,t)\|_{L^1(\mathbb{R}^N)} + \|c(\cdot,t)\|_{W^{1,q}(\mathbb{R}^N)}\right) = \infty$$

引理 6.2.2　设函数组(n,c)是初值问题（6.1.3）满足初值条件式（6.1.4）的解，则对任意$t\in(0,T_{\max})$，$n(x,t)>0$和$c(x,t)>0$成立。

证明　令截断函数$\xi\in C^{\infty}(\mathbb{R})$

$$\xi\equiv\begin{cases}1, & (-\infty,0]\\ 0, & [1,\infty)\end{cases}$$

对任意$R>0$，$\zeta(x)=\xi(|x|-R)$（$x\in\mathbb{R}^N$）成立，且

$$\operatorname{supp}\zeta(x)\subset\overline{B}_{R+1}，\ \operatorname{supp}\nabla\zeta(x)\subset\overline{B}_{R+1}\setminus B_R$$

根据映射$s\mapsto s_-^2$（$s\in\mathbb{R}$）的连续可微性、Young（杨）不等式及方程组（6.1.3）的第一个方程可知，对任意 $t\in(0,T_{\max})$，有

$$\begin{aligned}&\frac{1}{2}\frac{\mathrm{d}}{\mathrm{d}t}\int_{\mathbb{R}^N}\zeta^2n_-^2\mathrm{d}x\\&=-\int_{\mathbb{R}^N}\zeta^2|\nabla n_-|^2\mathrm{d}x+\chi\int_{\mathbb{R}^N}\zeta^2n_-\nabla n_-\cdot\nabla c\mathrm{d}x-2\int_{\mathbb{R}^N}\zeta n_-\nabla\zeta\cdot\nabla n_-\mathrm{d}x+\\&\quad 2\chi\int_{\mathbb{R}^N}\zeta n_-^2\nabla\zeta\cdot\nabla c\mathrm{d}x+\int_{\mathbb{R}^N}\zeta^2(\lambda n_-^2-\mu n_-^{k+1})\mathrm{d}x\\&\leqslant-\frac{1}{2}\int_{\mathbb{R}^N}\zeta^2|\nabla n_-|^2\mathrm{d}x+\chi\int_{\mathbb{R}^N}\zeta^2n_-^2|\nabla c|^2\mathrm{d}x+4\int_{\mathbb{R}^N}n_-^2|\nabla\zeta|^2\mathrm{d}x+\\&\quad 2\chi\int_{\mathbb{R}^N}\zeta n_-^2\nabla\zeta\cdot\nabla c\mathrm{d}x+\int_{\mathbb{R}^N}\zeta^2\lambda n_-^2\mathrm{d}x\end{aligned}\tag{6.2.1}$$

下面对上述不等式右端的第二、四项分别进行估计。对任意$q>N$，有$\nabla c\in L^{\infty}((0,T_{\max});L^q(\mathbb{R}^N))$。根据 Hölder（霍德尔）不等式、Gagliardo-Nirenberg（加利亚尔多–尼伦伯格）和 Young（杨）不等式可知，存在$C_1>0$和$C_2>0$，使得对任意$t\in(0,T_{\max})$，有

$$\begin{aligned}&\chi\int_{\mathbb{R}^N}\zeta^2n_-^2|\nabla c|^2\mathrm{d}x\\&\leqslant\chi\|\nabla c\|_{L^q(\mathbb{R}^N)}^2\|\zeta n_-\|_{L^{\frac{2q}{q-2}}(\mathbb{R}^N)}^2\\&\leqslant C_1\|\nabla(\zeta n_-)\|_{L^2(\mathbb{R}^N)}^{\frac{2N}{q}}\|\zeta n_-\|_{L^2(\mathbb{R}^N)}^{\frac{2(q-N)}{q}}\\&\leqslant\frac{1}{4}\|\nabla(\zeta n_-)\|_{L^2(\mathbb{R}^N)}^2+C_2\|\zeta n_-\|_{L^2(\mathbb{R}^N)}^2\\&\leqslant\frac{1}{2}\int_{\mathbb{R}^N}\zeta^2\nabla|n_-|^2\mathrm{d}x+\frac{1}{2}\int_{\mathbb{R}^N}|\nabla\zeta|^2n_-^2\mathrm{d}x+C_2\int_{\mathbb{R}^N}\zeta^2n_-^2\mathrm{d}x\end{aligned}\tag{6.2.2}$$

由截断函数的定义、Hölder（霍德尔）不等式和$\nabla c\in L^{\infty}((0,T_{\max});L^q(\mathbb{R}^N))$可

知，存在$C_3>0$和$C_4>0$，使得对任意$t\in(0,T_{\max})$，有

$$\begin{aligned}2\chi\int_{\mathbb{R}^N}\zeta n_-^2\nabla\zeta\cdot\nabla c\mathrm{d}x&\leqslant C_3\int_{B_{R+1}\setminus B_R}n_-^2|\nabla c|\mathrm{d}x\\&\leqslant C_3\|n_-\|^2_{L^{\frac{2q}{q-1}}(B_{R+1}\setminus B_R)}\|\nabla c\|_{L^q(\mathbb{R}^N)}\\&\leqslant C_4\|n_-\|^2_{L^{\frac{2q}{q-1}}(B_{R+1}\setminus B_R)}\end{aligned}\tag{6.2.3}$$

定义

$$y_R(t):=\int_{\mathbb{R}^N}\zeta^2n_-^2(\cdot,t)\mathrm{d}x,\quad t\in(0,T_{\max}]$$

把式（6.2.2）和式（6.2.3）代入式（6.2.1），则对任意$t\in(0,T_{\max})$，$y_R(t)$满足

$$y'_R(t)\leqslant(2C_2+2\lambda)y_R(t)+C_5\|n_-\|^2_{L^2(B_{R+1}\setminus B_R)}+2C_4\|n_-\|^2_{L^{\frac{2q}{q-1}}(B_{R+1}\setminus B_R)}$$

其中$C_5:=9\|\nabla\zeta\|^2_{L^\infty(B_{R+1}\setminus B_R)}$。由初值条件$y_R(0)=0$，有

$$y_R(t)\leqslant\int_0^t\mathrm{e}^{2(C_2+\lambda)(t-s)}\cdot\left(C_5\|n_-\|^2_{L^2(B_{R+1}\setminus B_R)}+2C_4\|n_-\|^2_{L^{\frac{2q}{q-1}}(B_{R+1}\setminus B_R)}\right)\mathrm{d}s$$

对于$p\in(1,\infty)$，有

$$\begin{aligned}\sup_{s\in(0,T_{\max})}\|n_-(\cdot,s)\|_{L^p(B_{R+1}\setminus B_R)}&\leqslant\sup_{s\in(0,T_{\max})}\|n(\cdot,s)\|_{L^p(B_{R+1}\setminus B_R)}\\&\leqslant\sup_{s\in(0,T_{\max})}\left\{\|n(\cdot,s)\|^{\frac{p-1}{p}}_{L^\infty(B_{R+1}\setminus B_R)}\|n(\cdot,s)\|^{\frac{1}{p}}_{L^1(B_{R+1}\setminus B_R)}\right\}\end{aligned}$$

根据引理 6.2.1，当$R\to\infty$时，有

$$\sup_{s\in(0,T_{\max})}\|n_-(\cdot,s)\|_{L^p(B_{R+1}\setminus B_R)}\to0$$

因此对任意$t\in(0,T_{\max})$，当$R\to\infty$时，$y_R(t)\to0$。再根据强极值原理，可知$n>0$。

又因为

$$c(x,t)=\frac{1}{N(N-2)|B_1|}\int_{\mathbb{R}^N}|x-y|^{2-N}n(y,t)\mathrm{d}y\tag{6.2.4}$$

直接可以得到$c>0$。 □

记

$$m(t) := \int_{\mathbb{R}^N} n(x,t)\mathrm{d}x$$

和

$$m_0 := m(0) = \int_{\mathbb{R}^N} n(x,0)\mathrm{d}x$$

由引理 6.2.2 可以得到 $m(t)$关于时间的一个上界，即如下的引理。

引理 6.2.3　设 $\lambda \geqslant 0$，$\mu > 0$，则对任意 $t \in [0, T_{\max})$，$m(t) \leqslant m_0 \mathrm{e}^{\lambda t}$。

证明　根据 Hölder（霍德尔）不等式，有

$$\|n\nabla c\|_{L^1(\mathbb{R}^N)} \leqslant \|n\|_{L^{\frac{2N}{N+1}}(\mathbb{R}^N)} \cdot \|\nabla c\|_{L^{\frac{2N}{N-1}}(\mathbb{R}^N)}$$

根据 Hardy-Littlewood-Sobolev（哈代–李特尔伍德–索伯列夫）不等式

$$\|\nabla c\|_{L^{\frac{2N}{N-1}}(\mathbb{R}^N)} \leqslant C(N, |B_1|)\|n\|_{L^{\frac{2N}{N+1}}(\mathbb{R}^N)}$$

整理后，应用插值不等式，有

$$\begin{aligned}\|n\nabla c\|_{L^1(\mathbb{R}^N)} &\leqslant C(N, |B_1|)\|n\|^2_{L^{\frac{2N}{N+1}}(\mathbb{R}^N)} \\ &\leqslant C(N, |B_1|)\|n\|^{\frac{N+1}{N}}_{L^1(\mathbb{R}^N)}\|n\|^{\frac{N-1}{N}}_{L^\infty(\mathbb{R}^N)}\end{aligned}$$

根据引理 6.2.1，当 $R \to \infty$ 时，有

$$\sup_{t\in(0,T_{\max})} \|n(\cdot,t)\|_{L^1(B_{R+1}\setminus B_R)} \to 0$$

$$\sup_{t\in(0,T_{\max})} \|n(\cdot,t)\nabla c(\cdot,t)\|_{L^1(B_{R+1}\setminus B_R)} \to 0$$

方程组（6.1.3）的第一个方程两端同时乘以引理 6.2.2 中定义的截断函数 $\varsigma(x)$，然后关于空间变量分部积分，有

$$\begin{aligned}&\frac{\mathrm{d}}{\mathrm{d}t}\int_{\mathbb{R}^N} \zeta n\mathrm{d}x \\ &= \int_{\mathbb{R}^N} \zeta \Delta n\mathrm{d}x - \chi\int_{\mathbb{R}^N} \zeta\nabla\cdot(n\nabla c)\mathrm{d}x + \int_{\mathbb{R}^N} \zeta(\lambda n - \mu n^\alpha)\mathrm{d}x \\ &= \int_{B_{R+1}\setminus B_R} \Delta\zeta\cdot n\mathrm{d}x - \chi\int_{B_{R+1}\setminus B_R} \nabla\zeta\cdot n\nabla c\mathrm{d}x + \int_{\mathbb{R}^N} \zeta(\lambda n - \mu n^\alpha)\mathrm{d}x\end{aligned}$$

所以，存在常数 $C_1, C_2 > 0$，满足

$$\frac{\mathrm{d}}{\mathrm{d}t}\int_{\mathbb{R}^N} \zeta n\mathrm{d}x \leqslant C_1\|n(\cdot,t)\|_{L^1(B_{R+1}\setminus B_R)} + C_2\|n(\cdot,t)\nabla c(\cdot,t)\|_{L^1(B_{R+1}\setminus B_R)} + \lambda\int_{\mathbb{R}^N} \zeta n\mathrm{d}x$$

根据常数变易法可知

$$\int_{\mathbb{R}^N}\zeta n\mathrm{d}x\leqslant \mathrm{e}^{\lambda t}\int_{\mathbb{R}^N}\zeta n_0\mathrm{d}x+\int_0^t \mathrm{e}^{\lambda(t-s)}(C_1\|n(\cdot,t)\|_{L^1(B_{R+1}\setminus B_R)}+C_2\|n(\cdot,t)\nabla c(\cdot,t)\|_{L^1(B_{R+1}\setminus B_R)})\mathrm{d}s$$

由引理 6.2.1 可知 $n\in C^0([0,T_{\max});L^1(\mathbb{R}^N)\cap L^\kappa(\mathbb{R}^N))$，令 $R\to\infty$，则

$$\int_{\mathbb{R}^N} n\mathrm{d}x\leqslant \mathrm{e}^{\lambda t}\int_{\mathbb{R}^N} n_0\mathrm{d}x$$

即

$$m(t)\leqslant m_0\mathrm{e}^{\lambda t}$$ □

设 $n_0\in C^1(\mathbb{R}^N)$ 是径向对称的。根据引理 6.2.1，可知解 (n,c) 是径向解。令 $n=n(r,t)$，$c=c(r,t)$，$r=|x|\in[0,\infty)$，对任意 $t\in(0,T_{\max})$，有

$$\int_{\mathbb{R}^N} n(x,t)\mathrm{d}x=|\Sigma_1|\int_0^\infty r^{N-1}n(r,t)\mathrm{d}r$$

其中 $\Sigma_1=\{x\in\mathbb{R}^N:|x|=(x_1^2+\cdots+x_N^2)^{\frac{1}{2}}=1\}$。

下面介绍二元函数

$$z(s,t)=\int_0^{s^{\frac{1}{N}}}\rho^{N-1}n(\rho,t)\mathrm{d}\rho,\quad s\in[0,\infty),\quad t\in[0,T_{\max})$$

的一些性质。直接计算可得

$$z_s(s,t)=\frac{1}{N}n(s^{\frac{1}{N}},t),\quad z_{ss}(s,t)=\frac{1}{N^2}s^{\frac{1}{N}-1}n_r(s^{\frac{1}{N}},t)$$

公式中的下标 r 参考 1.3 节符号说明中 f_r 的定义。因为 $n>0$，所以在 $(0,\infty)\times[0,\infty]$ 上 $z_s(s,t)>0$，并且存在 $\eta>1$，$t\in[0,T_{\max})$，$s\in[0,\infty)$，有

$$z(s,t)\leqslant m(t)\eta \tag{6.2.5}$$

根据方程组（6.1.3）的第二个方程，有

$$r^{N-1}c_r(r,t)=-\int_0^r\rho^{N-1}n(\rho,t)\mathrm{d}\rho$$

所以结合方程组（6.1.3）的第一个方程可以得到

$$\begin{aligned}z_t&=\int_0^{s^{\frac{1}{N}}}\rho^{N-1}n_t(\rho,t)\mathrm{d}\rho\\&=\int_0^{s^{\frac{1}{N}}}(\rho^{N-1}n_r)_r(\rho,t)\mathrm{d}\rho-\chi\int_0^{s^{\frac{1}{N}}}(\rho^{N-1}nc_r)_r(\rho,t)\mathrm{d}\rho+\int_0^{s^{\frac{1}{N}}}\rho^{N-1}f(n(\rho,t))\mathrm{d}\rho\\&=s^{1-\frac{1}{N}}n_r(s^{\frac{1}{N}},t)-\chi n(s^{\frac{1}{N}},t)[-\int_0^{s^{\frac{1}{N}}}\rho^{N-1}n(\rho,t)\mathrm{d}\rho]+\int_0^{s^{\frac{1}{N}}}\rho^{N-1}f(n(\rho,t))\mathrm{d}\rho\end{aligned}$$

其中 $f(n)=\lambda n-\mu n^{\alpha}$，因而 z 满足如下单个抛物方程

$$\begin{aligned}z_t &= N^2 s^{2-\frac{2}{N}} z_{ss} + N\chi z z_s + \frac{1}{N}\int_0^s f(Nz_s)\mathrm{d}s \\ &= N^2 s^{2-\frac{2}{N}} z_{ss} + N\chi z z_s + \lambda z - \mu N^{\alpha-1}\int_0^s z_s^{\alpha}(\sigma,t)\mathrm{d}\sigma,\ s\in(0,\infty),\ t\in[0,T_{\max})\end{aligned}$$

且

$$\begin{cases} z_t \geqslant N^2 s^{2-\frac{2}{N}} z_{ss} + N\chi z z_s - \mu N^{\alpha-1}\int_0^s z_s^{\alpha}(\sigma,t)\mathrm{d}\sigma,\ t\in[0,T_{\max}),\ s\in(0,\infty) \\ z(0,t)=0 \\ z(s,0)=z_0(s) \end{cases} \tag{6.2.6}$$

其中

$$z_0(s)=\int_0^{s^{\frac{1}{N}}} \rho^{N-1} n_0(\rho)\mathrm{d}\rho,\ s=r^N\in[0,\infty) \tag{6.2.7}$$

6.3 解的爆破

引理 6.3.1 假设 $\lambda\geqslant 0$，$\mu\geqslant 0$，$N>2$，$n_0(x)$ 满足条件式（6.1.4），(n,c) 为模型（6.1.3）在 $\mathbb{R}^N\times(0,T_{\max})$ 上的解，则对任意 $\beta>1$，$p\in(0,1)$，$t\in(0,T_{\max})$，有

$$\begin{aligned}&\frac{1}{p}\int_0^{\infty} \mathrm{e}^{-s} s^{-\beta} z^p(s,t)\mathrm{d}s + 2N(N-1)\int_0^t\int_0^{\infty} \mathrm{e}^{-s} s^{1-\frac{2}{N}-\beta} z^{p-1} z_s \mathrm{d}s\mathrm{d}\tau + \\ &\mu N^{\alpha-1}\int_0^t\int_0^{\infty} \mathrm{e}^{-s} s^{-\beta} z^{p-1}(s,\tau)\left(\int_0^s z_s^{\alpha}\mathrm{d}\sigma\right)\mathrm{d}s\mathrm{d}\tau \\ \geqslant &\frac{1}{p}\int_0^{\infty} \mathrm{e}^{-s} s^{-\beta} z_0^p(s)\mathrm{d}s + N^2(1-p)\int_0^t\int_0^{\infty} \mathrm{e}^{-s} s^{2-\frac{2}{N}-\beta} z^{p-2} z^2 \mathrm{d}s\mathrm{d}\tau + \\ &\frac{N\chi}{2}\int_0^t\int_0^{\infty} \mathrm{e}^{-s} s^{-\beta} z^p z_s \mathrm{d}s\mathrm{d}\tau + \frac{N\chi\beta}{2(p+1)}\int_0^t\int_0^{\infty} \mathrm{e}^{-s} s^{-\beta-1} z^{p+1}\mathrm{d}s\mathrm{d}\tau\end{aligned} \tag{6.3.1}$$

成立，其中 z_0 如式（6.2.7）定义。

证明 在式（6.2.6）的第一个不等式两边同时乘以 $\mathrm{e}^{-s}(s+\varepsilon)^{-\beta} z^{p-1}$（$\varepsilon>0$），然后关于空间变量分部积分，对任意 $s\in(0,\infty)$，有

$$\frac{1}{p}\frac{\mathrm{d}}{\mathrm{d}t}\int_0^{\infty} \mathrm{e}^{-s}(s+\varepsilon)^{-\beta} z^p(s,t)\mathrm{d}s$$

$$\geqslant N^2\int_0^\infty \mathrm{e}^{-s}s^{2-\frac{2}{N}}(s+\varepsilon)^{-\beta}z^{p-1}z_{ss}\mathrm{d}s+N\chi\int_0^\infty \mathrm{e}^{-s}(s+\varepsilon)^{-\beta}z^p z_s\mathrm{d}s-$$

$$\mu N^{\alpha-1}\int_0^\infty \mathrm{e}^{-s}(s+\varepsilon)^{-\beta}z^{p-1}(s,t)(\int_0^s z_s^\alpha(\sigma,t)\mathrm{d}\sigma)\mathrm{d}s$$

$$=I_1+I_2+I_3$$

对 I_1 分部积分

$$I_1=N^2\mathrm{e}^{-s}s^{2-\frac{2}{N}}(s+\varepsilon)^{-\beta}z^{p-1}z_s\Big|_0^\infty+N^2(1-p)\int_0^\infty \mathrm{e}^{-s}s^{2-\frac{2}{N}}(s+\varepsilon)^{-\beta}z^{p-2}z_s^2\mathrm{d}s-$$

$$N^2\int_0^\infty(\mathrm{e}^{-s}s^{2-\frac{2}{N}}(s+\varepsilon)^{-\beta})_s z^{p-1}z_s\mathrm{d}s \qquad (6.3.2)$$

首先估计式（6.3.2）等号右端第一项。根据引理 6.2.3 可知 $n>0$，所以

$$z_s(s,t)=\frac{1}{N}n(s^{\frac{1}{N}},t)>0$$

通过式（6.2.5）可得到 $z(s,t)\leqslant m(t)\eta$，$z(0,t)=0$，所以 z 有界。对任意 $t\in(0,T_{\max})$，有

$$z_s(s,t)\in L^\infty(0,\infty)$$

且

$$\lim_{s\to\infty}\mathrm{e}^{-s}s^{2-\frac{2}{N}}\to 0$$

综合可得如下结果

$$N^2\mathrm{e}^{-s}s^{2-\frac{2}{N}}(s+\varepsilon)^{-\beta}z^{p-1}z_s\Big|_0^\infty=0$$

下面估计式（6.3.2）等号右端第三项，根据不等式

$$(\mathrm{e}^{-s}s^{2-\frac{2}{N}}(s+\varepsilon)^{-\beta})_s\leqslant\left(2-\frac{2}{N}\right)\mathrm{e}^{-s}s^{1-\frac{2}{N}}(s+\varepsilon)^{-\beta}$$

可得

$$N^2\int_0^\infty(\mathrm{e}^{-s}s^{2-\frac{2}{N}}(s+\varepsilon)^{-\beta})_s z^{p-1}z_s\mathrm{d}s\leqslant 2N(N-1)\int_0^\infty \mathrm{e}^{-s}s^{1-\frac{2}{N}}(s+\varepsilon)^{-\beta}z^{p-1}z_s\mathrm{d}s$$

所以

$$I_1\geqslant-2N(N-1)\int_0^\infty \mathrm{e}^{-s}s^{1-\frac{2}{N}-\beta}z^{p-1}z_s\mathrm{d}s+N^2(1-p)\int_0^\infty \mathrm{e}^{-s}s^{2-\frac{2}{N}-\beta}z^{p-2}z_s^2\mathrm{d}s$$

因为

$$\frac{N\chi}{2(p+1)}\mathrm{e}^{-s}(s+\varepsilon)^{-\beta}z^{p+1}\Big|_0^\infty=0$$

所以通过分部积分可知

$$\frac{I_2}{2}\geqslant\frac{N\chi\beta}{2(p+1)}\int_0^\infty\mathrm{e}^{-s}(s+\varepsilon)^{-\beta-1}z^{p+1}\mathrm{d}s$$

即 $I_2\geqslant\dfrac{N\chi\beta}{2(p+1)}\displaystyle\int_0^\infty\mathrm{e}^{-s}(s+\varepsilon)^{-\beta-1}z^{p+1}\mathrm{d}s$ 。

根据上述分析得到，对于任意 $t\in(0,T_{\max})$，有

$$\begin{aligned}
&\frac{1}{p}\int_0^\infty\mathrm{e}^{-s}(s+\varepsilon)^{-\beta}z^p(s,t)\mathrm{d}s+2N(N-1)\int_0^t\int_0^\infty\mathrm{e}^{-s}s^{1-\frac{2}{N}}(s+\varepsilon)^{-\beta}z^{p-1}z_s\mathrm{d}s\mathrm{d}\tau+\\
&\mu N^{\alpha-1}\int_0^t\int_0^\infty\mathrm{e}^{-s}(s+\varepsilon)^{-\beta}z^{p-1}(s,\tau)\cdot\left(\int_0^s z_s^\alpha(\sigma,\tau)\mathrm{d}\sigma\right)\mathrm{d}s\mathrm{d}\tau\\
\geqslant&\frac{1}{p}\int_0^\infty\mathrm{e}^{-s}(s+\varepsilon)^{-\beta}z_0^p(s)\mathrm{d}s+N^2(1-p)\int_0^t\int_0^\infty\mathrm{e}^{-s}s^{2-\frac{2}{N}}(s+\varepsilon)^{-\beta}z^{p-2}z_s^2\mathrm{d}s\mathrm{d}\tau+\\
&\frac{N\chi}{2}\int_0^t\int_0^\infty\mathrm{e}^{-s}(s+\varepsilon)^{-\beta}z^pz_s\mathrm{d}s\mathrm{d}\tau+\frac{N\chi\beta}{2(p+1)}\int_0^t\int_0^\infty\mathrm{e}^{-s}(s+\varepsilon)^{-\beta-1}z^{p+1}\mathrm{d}s\mathrm{d}\tau
\end{aligned}$$

根据单调收敛定理可知，当 $\varepsilon\to0$ 时，式（6.3.1）成立。 □

引理 6.3.2　假设 $N>2$，$\alpha\in\left(1,\dfrac{3}{2}+\dfrac{1}{2N-2}\right)$，则对任意 $\beta>1$，$p\in(0,1)$，$\varepsilon>0$，$\theta\in\left(\alpha-1,\dfrac{\alpha}{2}\right)$ 且 $\theta<\dfrac{N}{N-2}(2-\alpha)$，存在 $C(\varepsilon)>0$，使得

$$\begin{aligned}
&\int_0^\infty\mathrm{e}^{-s}s^{-\beta}z^{p-1}(s,t)\left(\int_0^s z_s^\alpha(\sigma,t)\mathrm{d}\sigma\right)\mathrm{d}s\\
\leqslant&\varepsilon\int_0^\infty\mathrm{e}^{-s}s^{2-\frac{2}{N}-\beta}z^{p-2}z_s^2\mathrm{d}s+\varepsilon\int_0^\infty\mathrm{e}^{-s}s^{-\beta}z^pz_s\mathrm{d}s+\varepsilon\int_0^\infty\mathrm{e}^{-s}s^{-1-\beta}z^{p+1}\mathrm{d}s+C(\varepsilon)\int_0^\infty\mathrm{e}^{-s}z^{g(p,\beta)}\mathrm{d}s
\end{aligned}$$

其中 $z\in C^1(0,\infty)$，$g(p,\beta)=p+\dfrac{\frac{2}{N}\theta-(2-\theta-\alpha)\beta}{2-\theta+\frac{2}{N}\theta-\alpha}$。

证明　由 Fubini（富比尼）定理可得

$$\int_0^\infty\mathrm{e}^{-s}s^{-\beta}z^{p-1}\left(\int_0^s z_s^\alpha\mathrm{d}\sigma\right)\mathrm{d}s=\int_0^\infty\left(\int_\sigma^\infty\mathrm{e}^{-s}s^{-\beta}z^{p-1}\mathrm{d}s\right)z_s^\alpha\mathrm{d}\sigma$$

因为 $\beta>1$，$p\in(0,1)$，所以

$$\int_0^\infty\left(\int_\sigma^\infty\mathrm{e}^{-s}s^{-\beta}z^{p-1}\mathrm{d}s\right)z_s^\alpha\mathrm{d}\sigma\leqslant\int_0^\infty\left(\int_\sigma^\infty s^{-\beta}\mathrm{d}s\right)\mathrm{e}^{-\sigma}z^{p-1}(\sigma)z_s^\alpha\mathrm{d}\sigma$$

$$\leqslant \frac{1}{\beta-1}\int_0^\infty \sigma^{1-\beta}\mathrm{e}^{-\sigma}z^{p-1}(\sigma)z_s^\alpha \mathrm{d}\sigma \qquad (6.3.3)$$

对任意$\varepsilon>0$，应用 Young（杨）不等式可知，存在常数$C_1>0$满足

$$\begin{aligned}&\frac{1}{\beta-1}\int_0^\infty \sigma^{1-\beta}\mathrm{e}^{-\sigma}z^{p-1}(\sigma)z_s^\alpha \mathrm{d}\sigma\\&=\frac{1}{\beta-1}\int_0^\infty \mathrm{e}^{-s}\left(s^{2-\frac{2}{N}-\beta}z^{p-2}z_s^2\right)^\theta\left(s^{1-\beta-\left(2-\frac{2}{N}-\beta\right)\theta}z^{p-1-(p-2)\theta}z_s^{\alpha-2\theta}\right)\mathrm{d}s\\&\leqslant \varepsilon\int_0^\infty \mathrm{e}^{-s}s^{2-\frac{2}{N}-\beta}z^{p-2}z_s^2\mathrm{d}s+C_1\int_0^\infty \mathrm{e}^{-s}s^{-\beta-\frac{2\theta-1-\frac{2}{N}\theta}{1-\theta}}z^{p+\frac{2\theta-1}{1-\theta}}z_s^{\frac{\alpha-2\theta}{1-\theta}}\mathrm{d}s \qquad (6.3.4)\end{aligned}$$

因为$\theta\in\left(\alpha-1,\frac{\alpha}{2}\right)$，所以$0<\frac{\alpha-2\theta}{1-\theta}<1$，选取指数$\frac{1-\theta}{\alpha-2\theta}$和$\frac{1-\theta}{1+\theta-\alpha}$应用 Young（杨）不等式，可以得到常数$C_2>0$，满足

$$C_1\int_0^\infty \mathrm{e}^{-s}s^{-\beta-\frac{2\theta-1-\frac{2}{N}\theta}{1-\theta}}z^{p+\frac{2\theta-1}{1-\theta}}z_s^{\frac{\alpha-2\theta}{1-\theta}}\mathrm{d}s\leqslant \varepsilon\int_0^\infty \mathrm{e}^{-s}s^{-\beta}z^pz_s\mathrm{d}s+C_2\int_0^\infty \mathrm{e}^{-s}s^{-\beta-\frac{2\theta-1-\frac{2}{N}\theta}{1+\theta-\alpha}}z^{p+\frac{2\theta-1}{1+\theta-\alpha}}\mathrm{d}s \qquad (6.3.5)$$

定义$\gamma:=\frac{2\theta-\frac{2}{N}\theta-1}{1+\theta-\alpha}$，因为$\theta<\frac{N}{N-2}(2-\alpha)$，所以$\gamma<1$，$\frac{\beta+1}{\beta+\gamma}>1$，$\frac{\beta+1}{1-\gamma}>1$，应用 Young（杨）不等式可以得到常数$C_3$，满足

$$C_2\int_0^\infty \mathrm{e}^{-s}s^{-\beta-\frac{2\theta-1-\frac{2}{N}\theta}{1+\theta-\alpha}}z^{p+\frac{2\theta-1}{1+\theta-\alpha}}\mathrm{d}s\leqslant \varepsilon\int_0^\infty \mathrm{e}^{-s}s^{-\beta-1}z^{p+1}\mathrm{d}s+C_3\int_0^\infty \mathrm{e}^{-s}z^{p+\frac{\frac{2}{N}\theta-(2-\theta-\alpha)\beta}{2-\theta+\frac{2}{N}\theta-\alpha}}\mathrm{d}s \qquad (6.3.6)$$

综合式（6.3.3）～式（6.3.6），令$C(\varepsilon)=C_1+C_2+C_3$，可知结论成立。□

结合引理 6.3.1 和引理 6.3.2，可以找到合适的$\beta>1$，$p\in(0,1)$，使得下列引理成立。

引理 6.3.3 假设$N\geqslant 5$，$\lambda\geqslant 0$，$\mu\geqslant 0$，$\alpha\in\left(1,\frac{3}{2}+\frac{1}{2N-2}\right)$，则存在$\beta>1$，$p\in(0,1)$，$\delta>0$，$\Lambda>0$，$C>0$，使得如式（6.1.5）定义的$z(s,t)$在$(0,T_{\max})$满足

$$\int_0^\infty \mathrm{e}^{-s}s^{-\beta}z^p(s,t)\mathrm{d}s\geqslant\int_0^\infty \mathrm{e}^{-s}s^{-\beta}z_0^p(s)\mathrm{d}s+\delta\int_0^t\left(\int_0^\infty \mathrm{e}^{-s}s^{-\beta}z^p(s,\tau)\mathrm{d}s\right)^{\frac{p+1}{p}}\mathrm{d}\tau-C\mathrm{e}^{\Lambda t},$$

其中 $z_0(s)$ 如式（6.2.7）定义。

证明　由于 $\alpha<\frac{3}{2}+\frac{1}{2N-2}$，所以 $\alpha-1<\frac{N}{N-2}(2-\alpha)$，并且存在 $\theta\in\left(\alpha-1,\frac{\alpha}{2}\right)$，满足

$$\theta<\frac{N}{N-2}(2-\alpha)$$

因此 $2-\theta+\frac{2}{N}\theta-\alpha>0$。定义 $g(p,\beta)$ 如下

$$g(p,\beta):=p+\frac{\frac{2}{N}\theta-(2-\theta-\alpha)\beta}{2-\theta+\frac{2}{N}\theta-\alpha},\quad p\in[0,1],\quad \beta\geqslant 1$$

且满足

$$g(1,1)=\frac{4}{N}\frac{\theta}{2-\theta+\frac{2}{N}\theta-\alpha}>0$$

根据连续性可知，存在 $\beta_0>1$，$p_0\in(0,1)$，对任意 $p\in[p_0,1)$，$\beta\in(1,\beta_0]$，满足

$$g(p,\beta)\geqslant 0$$

所以，对于 $N\geqslant 5$，存在 $\beta\in(1,\beta_0]$，使得

$$\beta<2-\frac{4}{N}$$

确保 $\beta-1+\frac{2}{N}<1-\frac{2}{N}$，最后可得存在 $p\in[p_0,1]$，满足

$$p>\frac{N}{N-2}\left(\beta-1+\frac{2}{N}\right)\tag{6.3.7}$$

根据引理 6.3.1 可知

$$\begin{aligned}&\frac{1}{p}\int_0^{\infty}\mathrm{e}^{-s}s^{-\beta}z^p\mathrm{d}s\\ \geqslant&\frac{1}{p}\int_0^{\infty}\mathrm{e}^{-s}s^{-\beta}z_0^p\mathrm{d}s+C_1\int_0^t\int_0^{\infty}\mathrm{e}^{-s}s^{2-\frac{2}{N}-\beta}z^{p-2}z_s^2\mathrm{d}s\mathrm{d}\tau+C_1\int_0^t\int_0^{\infty}\mathrm{e}^{-s}s^{-\beta}z^pz\mathrm{d}s\mathrm{d}\tau+\\&C_1\int_0^t\int_0^{\infty}\mathrm{e}^{-s}s^{-\beta-1}z^{p+1}\mathrm{d}s\mathrm{d}\tau-2N(N-1)\int_0^t\int_0^{\infty}\mathrm{e}^{-s}s^{1-\frac{2}{N}-\beta}z^{p-1}z_s\mathrm{d}s\mathrm{d}\tau-\end{aligned}$$

$$\mu N^{\alpha-1}\int_0^t\int_0^\infty \mathrm{e}^{-s}s^{-\beta}z^{p-1}(\int_0^s z_s^\alpha \mathrm{d}\sigma)\mathrm{d}s\mathrm{d}\tau$$

$$=J_1+J_2+J_3+J_4-J_5-J_6$$

其中 $C_1 := \min\left\{\dfrac{N\chi\beta}{2(p+1)},\ N^2(1-p),\ \dfrac{N\chi}{2}\right\}$。

通过 Young（杨）不等式可知，存在常数 $C_2>0$，满足

$$J_5 \leqslant \frac{C_1}{3}\int_0^t\int_0^\infty \mathrm{e}^{-s}s^{2-\frac{2}{N}-\beta}z^{p-2}z_s^2\mathrm{d}s\mathrm{d}\tau + C_2\int_0^t\int_0^\infty \mathrm{e}^{-s}s^{-\frac{2}{N}-\beta}z^p\mathrm{d}s\mathrm{d}\tau$$

并且存在 $C_3>0$，满足

$$C_2\int_0^t\int_0^\infty \mathrm{e}^{-s}s^{-\frac{2}{N}-\beta}z^p\mathrm{d}s\mathrm{d}\tau \leqslant \frac{C_1}{4}\int_0^t\int_0^\infty \mathrm{e}^{-s}s^{-\beta-1}z^{p+1}\mathrm{d}s\mathrm{d}\tau + C_3\int_0^t\int_0^\infty \mathrm{e}^{-s}s^{-\frac{2}{N}-\beta+\frac{N-2}{N}p}\mathrm{d}s\mathrm{d}\tau$$

通过式（6.3.7）知 $-\dfrac{2}{N}-\beta+\dfrac{N-2}{N}p>-1$，所以存在常数 $C_4>0$，使得

$$\begin{aligned}&C_3\int_0^t\int_0^\infty \mathrm{e}^{-s}s^{-\frac{2}{N}-\beta+\frac{N-2}{N}p}\mathrm{d}s\mathrm{d}\tau\\&=C_3\Gamma\left(1-\frac{2}{N}-\beta+\frac{N-2}{N}p\right)t=C_4t\end{aligned}$$

其中 Γ 函数 $\Gamma(s)=\int_0^\infty \mathrm{e}^{-x}x^{s-1}\mathrm{d}x$，$s>0$。所以对任意 $t\in(0,T_{\max})$，有

$$J_5 \leqslant \frac{1}{2}J_2+\frac{1}{3}J_4+C_4t$$

根据引理 6.3.2，令 $\varepsilon=\dfrac{C_1}{3\mu N^{\alpha-1}}$，则存在常数 $C_5(\varepsilon)$，满足

$$\begin{aligned}J_6 \leqslant{}& \frac{C_1}{2}\int_0^t\int_0^\infty \mathrm{e}^{-s}s^{2-\frac{2}{N}-\beta}z^{p-2}z_s^2\mathrm{d}s\mathrm{d}\tau + C_1\int_0^t\int_0^\infty \mathrm{e}^{-s}s^{-\beta}z^pz_s\mathrm{d}s\mathrm{d}\tau+\\&\frac{C_1}{3}\int_0^t\int_0^\infty \mathrm{e}^{-s}s^{-1-\beta}z^{p+1}\mathrm{d}s\mathrm{d}\tau + C_5(\varepsilon)\int_0^t\int_0^\infty \mathrm{e}^{-s}z^{g(p,\beta)}\mathrm{d}s\mathrm{d}\tau\end{aligned}$$

通过引理 6.2.3 和式（6.2.5）可知

$$z(s,\tau)\leqslant \eta m(\tau)\leqslant \eta m_0\mathrm{e}^{\lambda\tau},\quad s\in(0,\infty),\quad \tau\in(0,T_{\max})$$

所以对任意 $t\in(0,T_{\max})$，存在 $C_6>0$ 使得

$$J_6 \leqslant \frac{C_1}{2}J_2+J_3+\frac{C_1}{3}J_4+C_6\mathrm{e}^{g(p,\beta)\lambda t}$$

令 $\Lambda=g(p,\beta)\lambda$，则存在常数 $C>0$，使得

$$\int_0^\infty e^{-s}s^{-\beta}z^p ds \geqslant \int_0^\infty e^{-s}s^{-\beta}z_0^p ds + \frac{pC_1}{3}\int_0^t\int_0^\infty e^{-s}s^{-1-\beta}z^{p+1}dsd\tau - Ce^{At} \tag{6.3.8}$$

因为

$$\begin{aligned}&\int_0^\infty e^{-s}s^{-\beta}z^p ds\\ &= \int_0^\infty e^{-\frac{s}{p+1}}s^{-\beta+\frac{p(\beta+1)}{p+1}}(s^{-1-\beta}z^{p+1})^{\frac{p}{p+1}}e^{-\frac{ps}{p+1}}ds\\ &\leqslant (\int_0^\infty e^{-s}s^{-\beta+p}ds)^{\frac{1}{p+1}}(\int_0^\infty e^{-s}s^{-1-\beta}z^{p+1}ds)^{\frac{p}{p+1}}\end{aligned}$$

和$1-\beta+p>0$，所以

$$\int_0^\infty e^{-s}s^{-\beta}z^p ds \leqslant \Gamma^{\frac{1}{p+1}}(1-\beta+p)(\int_0^\infty e^{-s}s^{-1-\beta}z^{p+1}ds)^{\frac{p}{p+1}} \tag{6.3.9}$$

综合式（6.3.8）和式（6.3.9），对任意$t\in(0,T_{\max})$，有

$$\frac{pC_1}{3}\int_0^t\int_0^\infty e^{-s}s^{-1-\beta}z^{p+1}dsd\tau \geqslant \delta\int_0^t(\int_0^\infty e^{-s}s^{-\beta}z^p ds)^{\frac{p+1}{p}}d\tau$$

其中$\delta = \dfrac{pC_1}{3\Gamma^{\frac{1}{p}}(1-\beta+p)}$。将上式代入式（6.3.8），可知引理成立。　□

为了更好地运用引理 6.3.3 的积分不等式，首先引入一个广义的积分 Gronwall（格朗瓦尔）不等式。

引理 6.3.4[15]　设$a>0$，$\delta>0$，$\gamma>0$，若对某个$T>0$，使得非负函数$y(t)\in C^0[0,T]$对任意$t\in(0,T)$，都满足

$$y(t)\geqslant a+\delta\int_0^t y^{1+\gamma}(\tau)d\tau$$

则

$$T\leqslant\frac{1}{\gamma\delta a^\gamma}$$

定理 6.3.1　假设$N\geqslant5$，$\lambda\geqslant0$，$\mu>0$，$\alpha\in\left(1,\dfrac{3}{2}+\dfrac{1}{2N-2}\right)$，则存在满足条件式（6.1.4）的$n_0$和$T_{\max}<\infty$，使得方程组（6.1.3）在$\mathbb{R}^N\times(0,T_{\max})$上的解$(n,c)$满足

$$\lim_{t\to T_{\max}}\sup\|n(\cdot,t)\|_{L^\infty(\mathbb{R}^N)}\to\infty$$

证明　令 $N\geqslant 5$，$\alpha\in\left(1,\dfrac{3}{2}+\dfrac{1}{2N-2}\right)$。设 $\beta>1$，$p\in(0,1)$，$\delta>0$，$\varLambda>0$，$C>0$，如引理 6.3.3 中定义。对固定的 $T>0$，取 $a>0$，满足

$$a>\left(\frac{p}{\delta T}\right)^{p} \tag{6.3.10}$$

根据引理 6.3.3 可知，对任意 $t\in(0,T_{\max})$，有

$$\int_0^{\infty}\mathrm{e}^{-s}s^{-\beta}z^{p}(s,t)\mathrm{d}s\geqslant\int_0^{\infty}\mathrm{e}^{-s}s^{-\beta}z_0^{p}(s)\mathrm{d}s+\delta\int_0^{t}\left[\int_0^{\infty}\mathrm{e}^{-s}s^{-\beta}z^{p}(s,\tau)\mathrm{d}s\right]^{\frac{p+1}{p}}\mathrm{d}\tau-C\mathrm{e}^{\varLambda t},$$

$$\int_0^{\infty}\mathrm{e}^{-s}s^{-\beta}z_0^{p}(s)\mathrm{d}s=\int_0^{1}\mathrm{e}^{-s}s^{-\beta}z_0^{p}(s)\mathrm{d}s+\int_1^{\infty}\mathrm{e}^{-s}s^{-\beta}z_0^{p}(s)\mathrm{d}s$$

且

$$0\leqslant\int_1^{\infty}\mathrm{e}^{-s}s^{-\beta}z_0^{p}\mathrm{d}s\leqslant m_0\eta\mathrm{e}^{-1}\int_1^{\infty}s^{-\beta}\mathrm{d}s\leqslant m_0\eta\mathrm{e}^{-1}\frac{1}{\beta-1}$$

所以

$$\int_0^{\infty}\mathrm{e}^{-s}s^{-\beta}z^{p}\mathrm{d}s\geqslant\int_0^{1}\mathrm{e}^{-s}s^{-\beta}z_0^{p}\mathrm{d}s+\delta\int_0^{t}\left(\int_0^{\infty}\mathrm{e}^{-s}s^{-\beta}z^{p}\mathrm{d}s\right)^{\frac{p+1}{p}}\mathrm{d}\tau-C\mathrm{e}^{\varLambda t}$$

令

$$\varphi_{\varepsilon}(s):=m_0\eta\frac{1+\varepsilon}{s+\varepsilon}\cdot s,\ s\in[0,1],\ \varepsilon>0,\ \eta>1$$

则 $\varphi_{\varepsilon}(s)$ 是非负函数，且当 $\varepsilon\to 0$ 时，$\varphi_{\varepsilon}(s)\to m_0\eta$ 对所有 $s\in[0,1]$ 均成立。因为

$$\frac{\mathrm{d}\varphi_{\varepsilon}(s)}{\mathrm{d}\varepsilon}=m_0\eta\frac{s^2-s}{(s+\varepsilon)^2}\leqslant 0,\quad s\in[0,1]$$

所以 $\varphi_{\varepsilon}(s)$ 关于 ε 单调递减。根据单调收敛定理可知，当 $\varepsilon\to 0$ 时，有

$$\int_0^{1}\mathrm{e}^{-s}s^{-\beta}\varphi_{\varepsilon}^{p}\mathrm{d}s\to\infty$$

因此，存在足够小的 $\varepsilon>0$，使得

$$\int_0^{1}\mathrm{e}^{-s}s^{-\beta}\varphi_{\varepsilon}^{p}\mathrm{d}s\geqslant a+C\mathrm{e}^{\varLambda T}$$

固定这个 ε 值，令

$$z_0(s):=\varphi_{\varepsilon}(s),\ s\in[0,1]$$

则对任意 $s \in [0,1]$，有

$$z_{0s}(s) := \frac{\mathrm{d}z_0(s)}{\mathrm{d}s} = \frac{m_0 \varepsilon \eta (1+\varepsilon)}{(s+\varepsilon)^2} > 0$$

显然 $z_0(s) \in C^\infty([0,1])$，且满足 $z_0(0)=0$，$z_0(1)=m_0\eta$。当 R=1 时，B_R 即 B_1，在 B_1 中，定义

$$n_0(x) := N \cdot z_{0s}(|x|^N)$$

则 n_0 为正的径向函数，所以 $n_0 \in L^1(B_1)$。

综上所述，对任意 $t \in (0, T_{\max})$，有

$$\begin{aligned}
&\int_0^\infty \mathrm{e}^{-s} s^{-\beta} z^p(s,t)\mathrm{d}s \\
&\geqslant \int_0^1 \mathrm{e}^{-s} s^{-\beta} z_0^p(s)\mathrm{d}s + \delta \int_0^t \left(\int_0^\infty \mathrm{e}^{-s} s^{-\beta} z^p \mathrm{d}s\right)^{\frac{p+1}{p}} \mathrm{d}\tau - C\mathrm{e}^{At} \\
&\geqslant a + \delta \int_0^t \left(\int_0^\infty \mathrm{e}^{-s} s^{-\alpha} z^p \mathrm{d}s\right)^{\frac{p+1}{p}} \mathrm{d}\tau
\end{aligned}$$

令 $y(t) := \int_0^\infty \mathrm{e}^{-s} s^{-\beta} z^p(s,t)\mathrm{d}s$，$t \in (0, T_{\max})$，$\gamma := \frac{1}{p}$，根据引理 6.3.4 有

$$T_{\max} \leqslant \frac{1}{\frac{1}{p}\sigma a^{\frac{1}{p}}}$$

根据式（6.3.10）可知 $T_{\max} < T$。

结合引理（6.2.1）和式（6.2.4），可知 $\limsup\limits_{t \to T_{\max}} \|n(\cdot,t)\|_{L^\infty(\mathbb{R}^N)} \to \infty$，定理得证。□

6.4　本章小结

本章关键的地方是构造一个截断函数，并且使其支集是某个闭球的子集，使其在计算 $\int_{\mathbb{R}^N} n(x,t)\mathrm{d}x$ 的有界性过程中起到重要作用。进一步利用文献[11]中的方法，将关于 x 在 $[0,R]^N$ 上的积分转化为 s 在 $[0,\infty)$ 上的积分，最终得到了和初值问题（6.1.1）类似的结论。

第 7 章　带小初值解的具有间接信号产生机制的趋化流体系统的整体解

7.1　趋化流体系统的研究现状

为了模拟更复杂的生物环境下的趋化性，学者们研究了趋化模型（1.1.4）的一种形式——具有间接信号产生机制的趋化模型

$$\begin{cases} n_t = \Delta n - \chi\nabla\cdot(n\nabla c) \\ \tau_1 c_t = \Delta c - c + w \\ \tau_2 w_t = \Delta w - w + n \end{cases} \tag{7.1.1}$$

其中$\tau_1,\tau_2,\chi>0$。第三个方程中的$-w+n$表示细胞n首先产生第二个化学信号w，第二个方程中的$-c+w$表示化学信号w促进化学信号c的产生，这在真实的生物环境中也是很常见的。

在低维空间中，考虑对于适当光滑的初始条件，方程组（7.1.1）在齐次 Neumann（诺依曼）边界条件和混合边界条件下经典解整体存在且有界；在空间维数$N=4$的情况下，当初始质量$\int_\Omega n_0\mathrm{d}x<\frac{(8\pi)^2}{\chi}$时，方程组（7.1.1）存在整体有界解[16]。进一步，当初始质量$\int_\Omega n_0\mathrm{d}x>\frac{(8\pi)^2}{\chi}$且$\int_\Omega n_0\mathrm{d}x\neq\frac{(8\pi)^2}{\chi}\cdot k,\ k\in\mathbb{N}$时，方程组（7.1.1）的解将会发生爆破[17]。这个结果就与二维 Keller-Segel（凯勒–西格尔）经典模型在上述两种边界条件下的临界质量结果相类似。然而对比其他已有结果来看，具有间接信号产生机制的模型解的性质和直接信号产生机制的情况还是有一定差异的。

2020 年，有学者考虑了如下具有间接信号产生机制的趋化流体耦合方程组

$$\begin{cases} n_t + u\cdot\nabla n = \Delta n - \nabla\cdot(nS(n)\nabla c) \\ c_t + u\cdot\nabla c = \Delta c - c + w \\ w_t + u\cdot\nabla w = \Delta w - w + n \\ u_t + \nabla P = \Delta u + n\nabla\phi \\ \nabla\cdot u = 0 \end{cases} \tag{7.1.2}$$

在 $|S(n)| \leqslant S_0(1+n)^{-\alpha}$，$\alpha > 0$，$\Omega\subset\mathbb{R}^2$ 是有界区域时，方程组存在整体有界解[18]；进一步当 $\alpha \geqslant 0$ 时，方程组的初边值问题的经典解也整体存在且有界；在三维空间中，当 $\alpha > \dfrac{1}{9}$ 时，这个结论仍然成立[19]。从已知结果来看，间接信号的存在似乎更有利于解的整体存在。

7.2　预备知识

对于具有直接信号产生机制的趋化流体耦合模型的整体适定性问题的研究，在过去近二十年中已经吸引了大量数学工作者的关注，并且取得了较为丰富的研究成果。然而对于具有间接信号产生机制的趋化流体耦合模型整体解的研究才刚刚起步，还有很多问题亟待解决。本章主要讨论如下具有间接信号产生机制的趋化流体耦合方程组的初边值问题

$$\begin{cases} n_t + u\cdot\nabla n = \Delta n - \nabla\cdot(n\nabla c), & x\in\Omega, t>0 \\ c_t + u\cdot\nabla c = \Delta c - c + w, & x\in\Omega, t>0 \\ w_t + u\cdot\nabla w = \Delta w - w + n, & x\in\Omega, t>0 \\ u_t + (u\cdot\nabla)u = \Delta u + \nabla P + n\nabla\phi, & x\in\Omega, t>0 \\ \nabla\cdot u = 0, & x\in\Omega, t>0 \\ \nabla n\cdot\nu = \nabla c\cdot\nu = \nabla w\cdot\nu = 0, u = 0, & x\in\partial\Omega, t>0 \\ n(x,0)=n_0(x), c(x,0)=c_0(x), w(x,0)=w_0(x), u(x,0)=u_0(x), & x\in\Omega \end{cases} \tag{7.2.1}$$

其中 $\Omega\subset\mathbb{R}^2$ 是一个具有光滑边界的有界区域，重力势函数 ϕ 满足

$$\phi\in W^{2,\infty}(\Omega) \tag{7.2.2}$$

并且初值条件满足

$$\begin{cases} n_0 \in C^0(\bar{\Omega}), & n_0 \geqslant 0, n_0 \not\equiv 0 \\ c_0 \in W^{1,\infty}(\Omega), & v_0 \geqslant 0 \\ w_0 \in W^{1,\infty}(\Omega), & w_0 \geqslant 0 \\ u_0 \in W^{2,2}(\Omega;\mathbb{R}^2) \cap W_{0,\sigma}^{1,2}(\Omega) \end{cases} \tag{7.2.3}$$

其中 $W_{0,\sigma}^{1,2}(\Omega) = W_0^{1,2}(\Omega;\mathbb{R}^2) \cap L_\sigma^2(\Omega)$，$L_\sigma^2(\Omega) := \{\varphi \in L^2(\Omega;\mathbb{R}^2) | \nabla \cdot \varphi = 0\}$，$\bar{\Omega} = \Omega \cup \partial\Omega$。

与方程组（7.1.2）相比，方程组（7.2.1）的第 4 式存在对流项，这给分析造成了本质上的困难。因此，我们主要讨论初边界问题具有小初值时的广义解情况。进一步，这种广义解在经过一定时间后会最终变成平滑解。

首先，给出广义解的定义。对于方程组（7.2.1）的第 2、3、4 个方程，这里将采用通常积分意义下弱解的概念。而对于方程组（7.2.1）中的第 1 个方程，由于 n 缺乏足够的正则性和紧性，本书将采用另一种弱解的概念，即通过引入一个函数 $\Phi(n)$ 来满足弱意义上的方程，这也使得它与其他三个弱解的性质有一些区别。

在下面的表述中，对于给定向量 $\boldsymbol{a} \in \mathbb{R}^2$ 以及 $\boldsymbol{b} \in \mathbb{R}^2$，令 $\boldsymbol{a} \otimes \boldsymbol{b}$ 表示矩阵 $(A_{ij})_{i,j\in\{1,2\}} \in \mathbb{R}^{2\times 2}$，其中 $A_{ij} := a_i b_j$（$i,j \in \{1,2\}$）。

定义 7.2.1 若函数组 (n,c,w,u) 满足下列条件，则称 (n,c,w,u) 为初边值问题（7.2.1）的整体广义解

（1）

$$\begin{cases} n \in L^\infty((0,\infty);L^1(\Omega)) \\ c \in L_{\mathrm{loc}}^\infty((0,\infty);L^1(\Omega)) \cap L_{\mathrm{loc}}^2([0,\infty);W^{1,2}(\Omega)) \\ w \in L_{\mathrm{loc}}^\infty((0,\infty);L^1(\Omega)) \cap L_{\mathrm{loc}}^2([0,\infty);W^{1,2}(\Omega)) \\ u \in L_{\mathrm{loc}}^2([0,\infty);W_{0,\sigma}^{1,2}(\Omega)) \end{cases} \tag{7.2.4}$$

其中 $n \geqslant 0$、$c \geqslant 0$、$w \geqslant 0$ 在 $\Omega \times (0,\infty)$ 上几乎处处成立，且 $cu, wu \in L_{\mathrm{loc}}^1(\bar{\Omega} \times [0,\infty);\mathbb{R}^2)$，$u \otimes u \in L_{\mathrm{loc}}^1(\Omega \times [0,\infty);\mathbb{R}^{2\times 2})$；

（2）对 $t > 0$

$$\int_\Omega n(\cdot,t)\mathrm{d}x \leqslant \int_\Omega n_0 \mathrm{d}x \tag{7.2.5}$$

几乎处处成立；

（3）对所有 $\varphi \in C_0^\infty(\bar{\Omega}\times[0,\infty))$，有

$$-\int_0^\infty\int_\Omega c\varphi_t \mathrm{d}x\mathrm{d}t-\int_\Omega c_0\varphi(\cdot,0)\mathrm{d}x$$
$$=-\int_0^\infty\int_\Omega \nabla c\cdot\nabla\varphi \mathrm{d}x\mathrm{d}t-\int_0^\infty\int_\Omega c\varphi \mathrm{d}x\mathrm{d}t+\int_0^\infty\int_\Omega w\varphi \mathrm{d}x\mathrm{d}t+\int_0^\infty\int_\Omega c(u\cdot\nabla\varphi)\mathrm{d}x\mathrm{d}t \tag{7.2.6}$$

$$-\int_0^\infty\int_\Omega w\varphi_t \mathrm{d}x\mathrm{d}t-\int_\Omega w_0\varphi(\cdot,0)\mathrm{d}x$$
$$=-\int_0^\infty\int_\Omega \nabla w\cdot\nabla\varphi \mathrm{d}x\mathrm{d}t-\int_0^\infty\int_\Omega w\varphi \mathrm{d}x\mathrm{d}t+\int_0^\infty\int_\Omega n\varphi \mathrm{d}x\mathrm{d}t+\int_0^\infty\int_\Omega w(u\cdot\nabla\varphi)\mathrm{d}x\mathrm{d}t \tag{7.2.7}$$

对所有 $\varphi \in C_0^\infty(\Omega\times[0,\infty);\mathbb{R}^2)$ 且满足 $\nabla\cdot\varphi=0$，有

$$-\int_0^\infty\int_\Omega u\varphi_t \mathrm{d}x\mathrm{d}t-\int_\Omega u_0\varphi(\cdot,0)\mathrm{d}x$$
$$=-\int_0^\infty\int_\Omega \nabla u\cdot\nabla\varphi \mathrm{d}x\mathrm{d}t-\int_0^\infty\int_\Omega (u\otimes u)\cdot\nabla\varphi \mathrm{d}x\mathrm{d}t+\int_0^\infty\int_\Omega n(\varphi\cdot\nabla\phi)\mathrm{d}x\mathrm{d}t \tag{7.2.8}$$

（4）存在非负函数 $\Phi\in C^2([0,\infty))$，在 $[0,\infty)$ 上 $\Phi'>0$ 并且满足

$$\Phi(n),\Phi''(n)|\nabla n|^2 \in L^1_{\mathrm{loc}}(\bar{\Omega}\times[0,\infty)) \tag{7.2.9}$$

$$\Phi(n)u \in L^1_{\mathrm{loc}}(\bar{\Omega}\times[0,\infty);\mathbb{R}^2) \tag{7.2.10}$$

$$n\Phi''(n)\nabla n, n\Phi'(n) \in L^2_{\mathrm{loc}}(\bar{\Omega}\times[0,\infty)) \tag{7.2.11}$$

对所有 $\varphi \in C_0^\infty(\bar{\Omega}\times[0,\infty))$，且在 $\partial\Omega\times(0,\infty)$ 上 $\dfrac{\partial\varphi}{\partial\upsilon}=0$，有

$$-\int_0^\infty\int_\Omega \Phi(n)\varphi_t \mathrm{d}x\mathrm{d}t-\int_\Omega \Phi(n_0)\varphi(\cdot,0)\mathrm{d}x\mathrm{d}t$$
$$\geqslant\int_0^\infty\int_\Omega \Phi(n)\Delta\varphi \mathrm{d}x\mathrm{d}t-\int_0^\infty\int_\Omega \Phi''(n)|\nabla n|^2\varphi \mathrm{d}x\mathrm{d}t+\int_0^\infty\int_\Omega n\Phi''(n)(\nabla n\cdot\nabla c)\varphi \mathrm{d}x\mathrm{d}t+$$
$$\int_0^\infty\int_\Omega n\Phi'(n)\nabla c\cdot\nabla\varphi \mathrm{d}x\mathrm{d}t+\int_0^\infty\int_\Omega \Phi(n)u\cdot\nabla\varphi \mathrm{d}x\mathrm{d}t \tag{7.2.12}$$

注：如果函数组 (n,c,w,u) 是初边值问题（7.2.1）的整体广义解，且满足

$$n,c,w\in C^0(\bar{\Omega}\times[0,\infty))\cap C^{2,1}(\bar{\Omega}\times(0,\infty))$$

和

$$u\in C^0(\bar{\Omega}\times[0,\infty);\mathbb{R}^2)\cap C^{2,1}(\bar{\Omega}\times(0,\infty);\mathbb{R}^2)$$

则可以证明 (n,c,w,u) 是初边值问题（7.2.1）的整体经典解[20]。

7.3 带小初值解的具有间接信号产生机制的趋化流体系统的正则化

为了证明初边值问题（7.2.1）解的整体存在性，首先考虑下列正则化问题

$$\begin{cases} n_{\varepsilon t}+u_\varepsilon\cdot\nabla n_\varepsilon=\Delta n_\varepsilon-\nabla\cdot\left(\dfrac{n_\varepsilon}{1+\varepsilon n_\varepsilon}\nabla c_\varepsilon\right), & x\in\Omega,t>0\\ c_{\varepsilon t}+u_\varepsilon\cdot\nabla c_\varepsilon=\Delta c_\varepsilon-c_\varepsilon+w_\varepsilon, & x\in\Omega,t>0\\ w_{\varepsilon t}+u_\varepsilon\cdot\nabla w_\varepsilon=\Delta w_\varepsilon-w_\varepsilon+n_\varepsilon, & x\in\Omega,t>0\\ u_{\varepsilon t}+(u_\varepsilon\cdot\nabla)u_\varepsilon=\Delta u_\varepsilon+\nabla P_\varepsilon+n_\varepsilon\nabla\phi, & x\in\Omega,t>0\\ \nabla\cdot u_\varepsilon=0, & x\in\Omega,t>0\\ \nabla n_\varepsilon\cdot\nu=\nabla c_\varepsilon\cdot\nu=\nabla w_\varepsilon\cdot\nu=0,\quad u_\varepsilon=0, & x\in\partial\Omega,t>0\\ n_\varepsilon(x,0)=n_0(x),c_\varepsilon(x,0)=c_0(x),w_\varepsilon(x,0)=w_0(x),u_\varepsilon(x,0)=u_0(x), & x\in\Omega \end{cases} \tag{7.3.1}$$

其中$\varepsilon\in(0,1)$。

根据正则化问题，可以得到解的整体存在性和通常的质量守恒性质。

引理 7.3.1 假设n_0,c_0,w_0,u_0满足条件式（7.2.3），则对任意$\varepsilon\in(0,1)$，正则化问题（7.3.1）存在整体经典解$(n_\varepsilon,c_\varepsilon,w_\varepsilon,u_\varepsilon)$，对任意$(x,t)\in\bar{\Omega}\times(0,\infty)$，全满足$n_\varepsilon,c_\varepsilon,w_\varepsilon\geqslant0$，$n_\varepsilon\not\equiv0$，且

$$\begin{cases} n_\varepsilon\in C^0(\bar{\Omega}\times[0,\infty))\bigcap C^{2,1}(\bar{\Omega}\times(0,\infty))\\ c_\varepsilon\in\bigcap\limits_{q>2}C^0([0,\infty);W^{1,q}(\Omega))\bigcap C^{2,1}(\bar{\Omega}\times(0,\infty))\\ w_\varepsilon\in\bigcap\limits_{q>2}C^0([0,\infty);W^{1,q}(\Omega))\bigcap C^{2,1}(\bar{\Omega}\times(0,\infty))\\ u_\varepsilon\in\bigcap\limits_{\beta\in\left(\frac{1}{2},1\right)}C^0([0,\infty);D(A^\beta))\bigcap^{2,1}(\bar{\Omega}\times(0,\infty)) \end{cases}$$

其中$A:=-\mathcal{P}\Delta$是定义在$L^2(\Omega;\mathbb{R}^2)$上的 Stokes（斯托克斯）算子，其定义域为

$$D(A):=W^{2,2}(\Omega;\mathbb{R}^2)\bigcap W_0^{1,2}(\Omega;\mathbb{R}^2)\bigcap L_\sigma^2(\Omega)$$

Δ 是拉普拉斯算子，$\mathcal{P}$ 是 Helmholtz（赫尔姆霍兹）投影算子：$L^2(\Omega;\mathbb{R}^2)\to L^2_\sigma(\Omega)$。$A^\beta,\beta\in\mathbb{R}$，表示相应的分数阶扇形算子。

该引理的证明过程与文献[21]的第 4 部分类似，故这里省略其证明过程。

引理 7.3.2 对任意 $\varepsilon\in(0,1)$，$t>0$，有

$$\int_\Omega n_\varepsilon(\cdot,t)\mathrm{d}x=\int_\Omega n_0\mathrm{d}x \tag{7.3.2}$$

$$\int_\Omega w_\varepsilon(\cdot,t)\mathrm{d}x=\int_\Omega n_0\mathrm{d}x+\left[\int_\Omega w_0\mathrm{d}x-\int_\Omega n_0\mathrm{d}x\right]\cdot\mathrm{e}^{-t} \tag{7.3.3}$$

和

$$\int_\Omega c_\varepsilon(\cdot,t)\mathrm{d}x=\int_\Omega n_0\mathrm{d}x+\left[\int_\Omega c_0\mathrm{d}x+\left(\int_\Omega w_0\mathrm{d}x-\int_\Omega n_0\mathrm{d}x\right)t-\int_\Omega n_0\mathrm{d}x\right]\cdot\mathrm{e}^{-t} \tag{7.3.4}$$

特别地，

$$\int_\Omega c_\varepsilon(\cdot,t)\mathrm{d}x\leqslant\max\left\{\int_\Omega n_0\mathrm{d}x,\int_\Omega w_0\mathrm{d}x,\int_\Omega c_0\mathrm{d}x\right\} \tag{7.3.5}$$

证明 首先，直接对方程组（7.3.1）的第 1 个方程在 Ω 上积分，可以得到式（7.3.2）。类似地，根据方程组（7.3.1）的第 3 个方程可以得到

$$\frac{\mathrm{d}}{\mathrm{d}t}\int_\Omega w_\varepsilon\mathrm{d}x+\int_\Omega w_\varepsilon\mathrm{d}x=\int_\Omega n_\varepsilon\mathrm{d}x,\quad t>0$$

分别通过常数变易法和常微分方程比较原理，可以得到对所有 $t>0$，有

$$\begin{aligned}\int_\Omega w_\varepsilon\mathrm{d}x&=\mathrm{e}^{-t}\int_\Omega w_0\mathrm{d}x+\int_0^t\int_\Omega\mathrm{e}^{s-t}n_0\mathrm{d}x\mathrm{d}s\\&=\int_\Omega n_0\mathrm{d}x+\left(\int_\Omega w_0\mathrm{d}x-\int_\Omega n_0\mathrm{d}x\right)\cdot\mathrm{e}^{-t}\end{aligned} \tag{7.3.6}$$

和

$$\int_\Omega w_\varepsilon(\cdot,t)\mathrm{d}x\leqslant\max\left\{\int_\Omega n_0\mathrm{d}x,\int_\Omega w_0\mathrm{d}x\right\}$$

对方程组（7.3.1）的第 2 个方程关于空间变量积分，然后结合式（7.3.6）可以推出，对任意 $t>0$，有

$$\begin{aligned}&\frac{\mathrm{d}}{\mathrm{d}t}\int_\Omega c_\varepsilon\mathrm{d}x+\int_\Omega c_\varepsilon\mathrm{d}x\\&=\int_\Omega w_\varepsilon\mathrm{d}x\\&=\int_\Omega n_0\mathrm{d}x+\left[\int_\Omega w_0\mathrm{d}x-\int_\Omega n_0\mathrm{d}x\right]\cdot\mathrm{e}^{-t}\end{aligned}$$

即式（7.3.4）成立且

$$
\begin{aligned}
&\int_\Omega c_\varepsilon(\cdot,t)\mathrm{d}x \\
&= \mathrm{e}^{-t}\int_\Omega c_0\mathrm{d}x + \int_0^t \mathrm{e}^{s-t}\cdot\left[\int_\Omega n_0\mathrm{d}x + (\int_\Omega w_0\mathrm{d}x - \int_\Omega n_0\mathrm{d}x)\cdot \mathrm{e}^{-s}\right]\mathrm{d}s \\
&= \mathrm{e}^{-t}\int_\Omega c_0\mathrm{d}x + \int_\Omega n_0\mathrm{d}x - \mathrm{e}^{-t}\int_\Omega n_0\mathrm{d}x + \mathrm{e}^{-t}t(\int_\Omega w_0\mathrm{d}x - \int_\Omega n_0\mathrm{d}x) \\
&= \int_\Omega n_0\mathrm{d}x + \left[\int_\Omega c_0\mathrm{d}x + (\int_\Omega w_0\mathrm{d}x - \int_\Omega n_0\mathrm{d}x)t - \int_\Omega n_0\mathrm{d}x\right]\cdot \mathrm{e}^{-t} \qquad \square
\end{aligned}
$$

现在，引入两个关键的函数不等式，它们是 Moser-Trudinger（摩瑟–特鲁丁格）不等式的延伸，且在后面引理 7.3.4 的证明中起到重要作用。

引理 7.3.3[22] 假设$\Omega\subset\mathbb{R}^2$是一个具有光滑边界的有界区域。对于任意$\eta>0$，存在$M=M(\eta,\Omega)>0$，如果$\phi\in C^0(\bar{\Omega})$是非负的且$\phi\not\equiv 0$，$\varphi\in W^{1,2}(\Omega)$，则对每个$a>0$，有

$$
\begin{aligned}
\int_\Omega \phi|\varphi|\mathrm{d}x \leqslant& \frac{1}{a}\int_\Omega \phi\ln\frac{\phi}{\bar{\phi}}\mathrm{d}x + \frac{(1+\eta)a}{8\pi}\left[\int_\Omega \phi\mathrm{d}x\right]\cdot\int_\Omega |\nabla\varphi|^2\mathrm{d}x + \\
& Ma\cdot\left[\int_\Omega \phi\mathrm{d}x\right]\cdot\left[\int_\Omega |\varphi|\mathrm{d}x\right]^2 + \frac{M}{a}\int_\Omega \phi\mathrm{d}x \qquad (7.3.7)
\end{aligned}
$$

和

$$
\int_\Omega \phi\ln(\phi+1)\mathrm{d}x \leqslant \frac{1+\eta}{2\pi}\left[\int_\Omega \phi\mathrm{d}x\right]\cdot\int_\Omega \frac{|\nabla\phi|^2}{(\phi+1)^2}\mathrm{d}x + 4M\cdot\left[\int_\Omega \phi\mathrm{d}x\right]^3 + (M-\ln\bar{\phi})\cdot\int_\Omega \phi\mathrm{d}x \qquad (7.3.8)
$$

其中$\bar{\phi}:=\frac{1}{|\Omega|}\int_\Omega \phi\mathrm{d}x$。

接下来开始建立正则化问题（7.3.1）的解的一些适当的有界性估计，采用的方法主要基于对泛函

$$
-\int_\Omega \ln(n_\varepsilon+1)\mathrm{d}x + \frac{C_1(m_0)}{2}\int_\Omega c_\varepsilon^2\mathrm{d}x + \frac{C_1(m_0)}{8}\int_\Omega w_\varepsilon^2\mathrm{d}x,\quad t>0
$$

的分析。

引理 7.3.4 设$m_0\in(0,8\pi)$，$\int_\Omega n_0\mathrm{d}x\leqslant m_0$，则存在$K(m_0)>0$，$C(n_0,c_0,w_0,u_0)>0$，$\frac{1}{2}<C_1(m_0)<\frac{32\pi^2}{m_0^2}$，使得对任意$t>0$和$\varepsilon\in(0,1)$，有

$$\frac{\mathrm{d}}{\mathrm{d}t}\left[-\int_\Omega \ln(n_\varepsilon+1)\mathrm{d}x+\frac{C_1(m_0)}{2}\int_\Omega c_\varepsilon^2\mathrm{d}x+\frac{C_1(m_0)}{8}\int_\Omega w_\varepsilon^2\mathrm{d}x\right]+$$
$$\frac{1}{K(m_0)}\cdot\left[\int_\Omega\frac{|\nabla n_\varepsilon|^2}{(n_\varepsilon+1)^2}\mathrm{d}x+\int_\Omega|\nabla c_\varepsilon|^2\mathrm{d}x+\int_\Omega|\nabla w_\varepsilon|^2\mathrm{d}x+\int_\Omega n_\varepsilon\ln\frac{n_\varepsilon}{\overline{n}_0}\mathrm{d}x\right]$$
$$\leqslant K(m_0)m\ln\frac{16\pi}{m}+C(n_0,c_0,w_0,u_0)\mathrm{e}^{-2t} \tag{7.3.9}$$

其中 $\overline{n}_0:=\frac{1}{|\Omega|}\int_\Omega n_0\mathrm{d}x$， $m:=\int_\Omega n_0\mathrm{d}x$。

证明　将方程组（7.3.1）的第 1 个方程两端同时乘以 $-\frac{1}{n_\varepsilon+1}$，然后关于空间变量积分，根据 Young（杨）不等式可得，对任意 $t>0$，有

$$-\frac{\mathrm{d}}{\mathrm{d}t}\int_\Omega\ln(n_\varepsilon+1)\mathrm{d}x+\int_\Omega\frac{|\nabla n_\varepsilon|^2}{(n_\varepsilon+1)^2}\mathrm{d}x=\int_\Omega\frac{n_\varepsilon}{(1+\varepsilon n_\varepsilon)(n_\varepsilon+1)^2}\nabla n_\varepsilon\cdot\nabla c_\varepsilon\mathrm{d}x$$
$$\leqslant\frac{1}{2}\int_\Omega\frac{|\nabla n_\varepsilon|^2}{(n_\varepsilon+1)^2}\mathrm{d}x+\frac{1}{2}\int_\Omega|\nabla c_\varepsilon|^2\mathrm{d}x$$

整理得

$$-\frac{\mathrm{d}}{\mathrm{d}t}\int_\Omega\ln(n_\varepsilon+1)\mathrm{d}x+\frac{1}{2}\int_\Omega\frac{|\nabla n_\varepsilon|^2}{(n_\varepsilon+1)^2}\mathrm{d}x\leqslant\frac{1}{2}\int_\Omega|\nabla c_\varepsilon|^2\mathrm{d}x,t>0 \tag{7.3.10}$$

将方程组（7.3.1）的第 2 个方程两边同时乘以 c_ε，然后关于空间变量积分，结合 Cauchy（柯西）不等式，可以得到对任意 $t>0$，有

$$\frac{1}{2}\frac{\mathrm{d}}{\mathrm{d}t}\int_\Omega c_\varepsilon^2\mathrm{d}x+\int_\Omega|\nabla c_\varepsilon|^2\mathrm{d}x=-\int_\Omega c_\varepsilon^2\mathrm{d}x+\int_\Omega c_\varepsilon w_\varepsilon\mathrm{d}x$$

将上式两边同时乘以 C_1，且 C_1 满足 $\frac{1}{2}<C_1<\frac{32\pi^2}{m_0^2}$，利用 Young（杨）不等式，则对任意 $t>0$，有

$$\frac{C_1}{2}\frac{\mathrm{d}}{\mathrm{d}t}\int_\Omega c_\varepsilon^2\mathrm{d}x+C_1\int_\Omega|\nabla c_\varepsilon|^2\mathrm{d}x\leqslant\frac{C_1}{4}\int_\Omega w_\varepsilon^2\mathrm{d}x \tag{7.3.11}$$

同样地，将方程组（7.3.1）的第 3 个方程两端同时乘以 w_ε，然后关于空间变量积分，对任意 $t>0$，有

$$\frac{1}{2}\frac{\mathrm{d}}{\mathrm{d}t}\int_\Omega w_\varepsilon^2\mathrm{d}x+\int_\Omega|\nabla w_\varepsilon|^2\mathrm{d}x=-\int_\Omega w_\varepsilon^2\mathrm{d}x+\int_\Omega n_\varepsilon w_\varepsilon\mathrm{d}x$$

对上式两边同时乘以$\frac{C_1}{4}$，结合式（7.3.11），对任意$t>0$，有

$$\frac{\mathrm{d}}{\mathrm{d}t}\left[\frac{C_1}{2}\int_\Omega c_\varepsilon^2\mathrm{d}x+\frac{C_1}{8}\int_\Omega w_\varepsilon^2\mathrm{d}x\right]+C_1\int_\Omega|\nabla c_\varepsilon|^2\mathrm{d}x+\frac{C_1}{4}\int_\Omega|\nabla w_\varepsilon|^2\mathrm{d}x\leqslant\frac{C_1}{4}\int_\Omega n_\varepsilon w_\varepsilon\mathrm{d}x \tag{7.3.12}$$

结合式（7.3.10）和式（7.3.12），对任意$t>0$，有

$$\begin{aligned}&\frac{\mathrm{d}}{\mathrm{d}t}\left[-\int_\Omega\ln(n_\varepsilon+1)\mathrm{d}x+\frac{C_1}{2}\int_\Omega c_\varepsilon^2\mathrm{d}x+\frac{C_1}{8}\int_\Omega w_\varepsilon^2\mathrm{d}x\right]+\frac{1}{2}\int_\Omega\frac{|\nabla n_\varepsilon|^2}{(n_\varepsilon+1)^2}\mathrm{d}x+\\&\left(C_1-\frac{1}{2}\right)\int_\Omega|\nabla c_\varepsilon|^2\mathrm{d}x+\frac{C_1}{4}\int_\Omega|\nabla w_\varepsilon|^2\mathrm{d}x\\&\leqslant\frac{C_1}{4}\int_\Omega n_\varepsilon w_\varepsilon\mathrm{d}x\end{aligned} \tag{7.3.13}$$

因为$\frac{1}{2}<C_1<\frac{32\pi^2}{m_0^2}$，即$\frac{C_1m_0}{4\pi}<\frac{8\pi}{m_0}$成立，所以存在常数$a>0$，使得

$$\frac{C_1m_0}{4\pi}<a<\frac{8\pi}{m_0} \tag{7.3.14}$$

将上面两个不等式变形可得

$$\frac{C_1}{4a}\cdot\frac{m_0}{2\pi}<\frac{1}{2},\quad\frac{am_0}{8\pi}<1$$

因此可以找到一个足够小的数$\eta\in\left(0,\frac{C_1}{4a}\right)$且满足

$$\left(\frac{C_1}{4a}+\eta\right)\cdot\frac{(1+\eta)m_0}{2\pi}<\frac{1}{2} \tag{7.3.15}$$

和

$$\frac{(1+\eta)am_0}{8\pi}<1 \tag{7.3.16}$$

根据不等式（7.3.7），对所有$t>0$，有

$$\begin{aligned}&\frac{C_1}{4}\int_\Omega n_\varepsilon w_\varepsilon\mathrm{d}x\\&\leqslant\frac{C_1}{4a}\int_\Omega n_\varepsilon\ln\frac{n_\varepsilon}{\overline{n}_0}\mathrm{d}x+\frac{C_1(1+\eta)a}{32\pi}\left[\int_\Omega n_\varepsilon\mathrm{d}x\right]\cdot\int_\Omega|\nabla w_\varepsilon|^2\mathrm{d}x+\frac{C_1Ma}{4}\cdot\left[\int_\Omega n_\varepsilon\mathrm{d}x\right]\cdot\left[\int_\Omega w_\varepsilon\mathrm{d}x\right]^2+\end{aligned}$$

$$\frac{C_1M}{4a}\int_\Omega n_\varepsilon \mathrm{d}x$$
$$=\frac{C_1}{4a}\int_\Omega n_\varepsilon \ln\frac{n_\varepsilon}{\overline{n}_0}\mathrm{d}x+\frac{C_1(1+\eta)am}{32\pi}\int_\Omega|\nabla w_\varepsilon|^2\mathrm{d}x+\frac{C_1Mam}{4}\left[\int_\Omega w_\varepsilon \mathrm{d}x\right]^2+\frac{C_1Mm}{4a}$$

通过不等式（7.3.8）可以推出，对任意$t>0$，有

$$\begin{aligned}
&\frac{C_1}{4}\int_\Omega n_\varepsilon w_\varepsilon \mathrm{d}x+\eta\int_\Omega n_\varepsilon \ln\frac{n_\varepsilon}{\overline{n}_0}\mathrm{d}x\\
&\leqslant\left(\frac{C_1}{4a}+\eta\right)\int_\Omega n_\varepsilon \ln\frac{n_\varepsilon}{\overline{n}_0}\mathrm{d}x+\frac{C_1(1+\eta)am}{32\pi}\int_\Omega|\nabla w_\varepsilon|^2\mathrm{d}x+\frac{C_1Mam}{4}\left[\int_\Omega w_\varepsilon \mathrm{d}x\right]^2+\frac{C_1Mm}{4a}\\
&=\left(\frac{C_1}{4a}+\eta\right)\int_\Omega n_\varepsilon \ln n_\varepsilon \mathrm{d}x-\left(\frac{C_1}{4a}+\eta\right)m\ln\frac{m}{|\Omega|}+\frac{C_1(1+\eta)am}{32\pi}\int_\Omega|\nabla w_\varepsilon|^2\mathrm{d}x+\\
&\quad\frac{C_1Mam}{4}\left[\int_\Omega w_\varepsilon \mathrm{d}x\right]^2+\frac{C_1Mm}{4a}\\
&\leqslant\left(\frac{C_1}{4a}+\eta\right)\cdot\frac{(1+\eta)m}{2\pi}\int_\Omega\frac{|\nabla n_\varepsilon|^2}{(n_\varepsilon+1)^2}\mathrm{d}x+\left(\frac{C_1}{4a}+\eta\right)\cdot 4Mm^3+\left(\frac{C_1}{4a}+\eta\right)\cdot Mm+\\
&\quad 2\left(\frac{C_1}{4a}+\eta\right)\cdot m\ln\frac{16\pi}{m}+2\left(\frac{C_1}{4a}+\eta\right)\cdot m\ln_+\frac{|\Omega|}{16\pi}+\frac{C_1(1+\eta)am}{32\pi}\int_\Omega|\nabla w_\varepsilon|^2\mathrm{d}x+\\
&\quad\frac{C_1Mam}{4}\left[\int_\Omega w_\varepsilon \mathrm{d}x\right]^2+\frac{C_1Mm}{4a}
\end{aligned}\tag{7.3.17}$$

根据引理 7.3.2 和$m<m_0$，以及式（7.3.14），可以得到不等式（7.3.17）中右侧倒数第 2 项估计，对任意$t>0$，有

$$\begin{aligned}
\frac{C_1Mam}{4}\cdot\left[\int_\Omega w_\varepsilon \mathrm{d}x\right]^2&\leqslant\frac{C_1Mam}{4}\cdot\left[m+(\int_\Omega w_0\mathrm{d}x)\cdot \mathrm{e}^{-t}\right]^2\\
&\leqslant 2\pi C_1M\cdot\left[2m^2+2(\int_\Omega w_0\mathrm{d}x)^2\cdot \mathrm{e}^{-2t}\right]\\
&=4\pi C_1Mm^2+4\pi C_1M(\int_\Omega w_0\mathrm{d}x)^2\cdot \mathrm{e}^{-2t}
\end{aligned}$$

因此，结合不等式$0<\eta<\dfrac{C_1}{4a}$、$m\leqslant m_0$以及$\dfrac{C_1m_0}{4\pi}<a$，可知不等式（7.3.17）右侧第 2 项、第 3 项和最后一项这三项和的估计

$$\begin{aligned}
&\left(\frac{C_1}{4a}+\eta\right)\cdot 4Mm^3+\left(\frac{C_1}{4a}+\eta\right)\cdot Mm+\frac{C_1Mm}{4a}\\
&\leqslant\frac{8C_1Mm^3}{4a}+\frac{3C_1Mm}{4a}
\end{aligned}$$

$$\leqslant 8\pi Mm^2+\frac{3\pi M}{m_0}\cdot m$$

为了简化不等式（7.3.17）中 $\int_\Omega \frac{|\nabla n_\varepsilon|^2}{(n_\varepsilon+1)^2}\mathrm{d}x$、$\int_\Omega |\nabla c_\varepsilon|^2\mathrm{d}x$、$\int_\Omega |\nabla w_\varepsilon|^2\mathrm{d}x$ 这几项的系数，不妨令

$$C_2:=\frac{1}{2}-\left(\frac{C_1}{4a}+\eta\right)\cdot\frac{(1+\eta)m_0}{2\pi},\ C_3:=C_1-\frac{1}{2},\ C_4:=\frac{C_1}{4}-\frac{C_1(1+\eta)am_0}{32\pi}$$

由式（7.3.15）和式（7.3.16）知 C_2,C_3,C_4 均为正数，结合式（7.3.13）和式（7.3.14），对任意 $t>0$，有

$$\begin{aligned}&\frac{\mathrm{d}}{\mathrm{d}t}\left[-\int_\Omega \ln(n_\varepsilon+1)\mathrm{d}x+\frac{C_1}{2}\int_\Omega c_\varepsilon^2\mathrm{d}x+\frac{C_1}{8}\int_\Omega w_\varepsilon^2\mathrm{d}x\right]+C_2\int_\Omega\frac{|\nabla n_\varepsilon|^2}{(n_\varepsilon+1)^2}\mathrm{d}x+\\&\quad C_3\int_\Omega|\nabla c_\varepsilon|^2\mathrm{d}x+C_4\int_\Omega|\nabla w_\varepsilon|^2\mathrm{d}x+\eta\int_\Omega n_\varepsilon\ln\frac{n_\varepsilon}{\overline{n}_0}\mathrm{d}x\\&\leqslant 4\pi C_1Mm^2+8\pi Mm^2+\frac{3\pi M}{m_0}\cdot m+2\left(\frac{C_1}{4a}+\eta\right)m\ln\frac{16\pi}{m}+\\&\quad 2\left(\frac{C_1}{4a}+\eta\right)m\ln_+\frac{|\Omega|}{16\pi}+4\pi C_1M\left(\int_\Omega w_0\mathrm{d}x\right)^2\cdot\mathrm{e}^{-2t}\end{aligned}\tag{7.3.18}$$

其中对 $x>0$，有 $\ln_+x:=\max\{\ln x,0\}$。

由于 $m\leqslant m_0<8\pi$、$\ln\frac{16\pi}{m}>\ln 2$ 成立，所以不等式（7.3.18）右侧前 5 项可以化简为

$$\begin{aligned}&4\pi C_1Mm^2+8\pi Mm^2+\frac{3\pi M}{m_0}\cdot m+2\left(\frac{C_1}{4a}+\eta\right)m\ln\frac{16\pi}{m}+2\left(\frac{C_1}{4a}+\eta\right)m\ln_+\frac{|\Omega|}{16\pi}\\&=\left[\frac{4\pi C_1Mm}{\ln\frac{16\pi}{m}}+\frac{8\pi Mm}{\ln\frac{16\pi}{m}}+\frac{3\pi M}{m_0\ln\frac{16\pi}{m}}+2\left(\frac{C_1}{4a}+\eta\right)+2\left(\frac{C_1}{4a}+\eta\right)\frac{\ln_+\frac{|\Omega|}{16\pi}}{\ln\frac{16\pi}{m}}\right]\cdot m\ln\frac{16\pi}{m}\\&\leqslant C_5\cdot m\ln\frac{16\pi}{m}\end{aligned}\tag{7.3.19}$$

显然 $4\pi C_1M\left(\int_\Omega w_0\mathrm{d}x\right)^2\cdot\mathrm{e}^{-2t}>0$，结合式（7.3.18）和式（7.3.19）可得式（7.3.9）成立。 □

基于式（7.3.9），进一步可以得到$\ln(n_\varepsilon+1)$, c_ε, w_ε在$L^2((0,T);W^{1,2}(\Omega))$中的有界性估计。

引理 7.3.5 设初值(n_0,c_0,w_0,u_0)满足式（7.2.3），$\int_\Omega n_0 \mathrm{d}x < 8\pi$，则对任意$T>0$，存在$C(n_0,c_0,w_0,u_0,T)>0$，使得对任意$\varepsilon\in(0,1)$，有

$$\int_0^T\int_\Omega \frac{|\nabla n_\varepsilon|^2}{(n_\varepsilon+1)^2}\mathrm{d}x\mathrm{d}t \leqslant C(n_0,c_0,w_0,u_0,T) \tag{7.3.20}$$

$$\int_0^T\int_\Omega n_\varepsilon \ln\frac{n_\varepsilon}{\overline{n}_0}\mathrm{d}x\mathrm{d}t \leqslant C(n_0,c_0,w_0,u_0,T) \tag{7.3.21}$$

$$\int_0^T\int_\Omega |\nabla c_\varepsilon|^2\mathrm{d}x\mathrm{d}t \leqslant C(n_0,c_0,w_0,u_0,T) \tag{7.3.22}$$

$$\int_0^T\int_\Omega |\nabla w_\varepsilon|^2\mathrm{d}x\mathrm{d}t \leqslant C(n_0,c_0,w_0,u_0,T) \tag{7.3.23}$$

证明 令$T>0$，对式（7.3.9）关于时间变量在$(0,T)$上积分，有

$$-\int_\Omega \ln(n_\varepsilon(\cdot,T)+1)\mathrm{d}x + \int_\Omega \ln(n_0+1)\mathrm{d}x + \frac{C_1}{2}\int_\Omega c_\varepsilon^2(\cdot,T)\mathrm{d}x - \frac{C_1}{2}\int_\Omega c_0^2\mathrm{d}x +$$

$$\frac{C_1}{8}\int_\Omega w_\varepsilon^2(\cdot,T)\mathrm{d}x - \frac{C_1}{8}\int_\Omega w_0^2\mathrm{d}x + \frac{1}{K(m_0)}\cdot\left[\int_0^T\int_\Omega \frac{|\nabla n_\varepsilon|^2}{(n_\varepsilon+1)^2}\mathrm{d}x\mathrm{d}t + \int_0^T\int_\Omega |\nabla c_\varepsilon|^2\mathrm{d}x\mathrm{d}t + \right.$$

$$\left.\int_0^T\int_\Omega |\nabla w_\varepsilon|^2\mathrm{d}x\mathrm{d}t + \int_0^T\int_\Omega n_\varepsilon \ln\frac{n_\varepsilon}{\overline{n}_0}\mathrm{d}x\mathrm{d}t\right]$$

$$\leqslant K(m_0)mT\ln\frac{16\pi}{m} + C_2\int_0^T \mathrm{e}^{-2t}\mathrm{d}t$$

因为

$$\int_0^T \mathrm{e}^{-2t}\mathrm{d}t = -\frac{1}{2}\mathrm{e}^{-2t}\Big|_0^T = \frac{1-\mathrm{e}^{-2T}}{2} \leqslant \frac{1}{2}$$

以及

$$0 \leqslant \int_\Omega \ln(n_\varepsilon(\cdot,T)+1)\mathrm{d}x \leqslant \int_\Omega n_\varepsilon(\cdot,T)\mathrm{d}x = \int_\Omega n_0\mathrm{d}x$$

可以得到

$$\frac{1}{K(m_0)}\cdot\left[\int_0^T\int_\Omega \frac{|\nabla n_\varepsilon|^2}{(n_\varepsilon+1)^2}\mathrm{d}x\mathrm{d}t + \int_0^T\int_\Omega |\nabla c_\varepsilon|^2\mathrm{d}x\mathrm{d}t + \int_0^T\int_\Omega |\nabla w_\varepsilon|^2\mathrm{d}x\mathrm{d}t + \int_0^T\int_\Omega n_\varepsilon \ln\frac{n_\varepsilon}{\overline{n}_0}\mathrm{d}x\mathrm{d}t\right]$$

$$\leqslant K(m_0)Tm\ln\frac{16\pi}{m}+\frac{C_2}{2}+\int_\Omega n_0\mathrm{d}x+\frac{C_1}{2}\int_\Omega c_0^2\mathrm{d}x+\frac{C_1}{8}\int_\Omega w_0^2\mathrm{d}x$$

所以存在$K',C'>0$，使得

$$\frac{1}{T}\cdot\left[\int_0^T\int_\Omega\frac{|\nabla n_\varepsilon|^2}{(n_\varepsilon+1)^2}\mathrm{d}x\mathrm{d}t+\int_0^T\int_\Omega|\nabla c_\varepsilon|^2\mathrm{d}x\mathrm{d}t+\int_0^T\int_\Omega|\nabla w_\varepsilon|^2\mathrm{d}x\mathrm{d}t+\int_0^T\int_\Omega n_\varepsilon\ln\frac{n_\varepsilon}{\overline{n}_0}\mathrm{d}x\mathrm{d}t\right]$$
$$\leqslant K'm\ln\frac{16\pi}{m}+\frac{C'}{T} \tag{7.3.24}$$

根据

$$\begin{aligned}&\frac{1}{|\Omega|}\int_\Omega n_\varepsilon\ln\frac{n_\varepsilon}{\overline{n}_0}\mathrm{d}x\\&=\int_\Omega n_\varepsilon\ln n_\varepsilon\frac{\mathrm{d}x}{|\Omega|}-\int_\Omega n_\varepsilon\frac{\mathrm{d}x}{|\Omega|}\cdot\ln\overline{n}_0\\&=\int_\Omega n_\varepsilon\ln n_\varepsilon\frac{\mathrm{d}x}{|\Omega|}-\int_\Omega n_\varepsilon\frac{\mathrm{d}x}{|\Omega|}\cdot\ln\left(\int_\Omega n_\varepsilon\frac{\mathrm{d}x}{|\Omega|}\right)\end{aligned}$$

和 Jensen（詹森）不等式，可以得到$\int_\Omega n_\varepsilon\ln\frac{n_\varepsilon}{\overline{n}_0}\mathrm{d}x\geqslant 0$，从而根据式（7.3.24）可以直接得到式（7.3.20）～ 式（7.3.23）。 □

下面考虑∇u_ε的时空L^2估计。根据已证得的n_ε的有界性估计，可以得到下列结论。

引理 7.3.6 设式（7.2.3）成立且满足$\int_\Omega n_0\mathrm{d}x<8\pi$，则对于任意$T>0$，存在常数$C(n_0,c_0,w_0,u_0,T)>0$，使得对任意$t\in(0,T)$，$\varepsilon\in(0,1)$，有

$$\int_\Omega|u_\varepsilon(\cdot,t)|^2\mathrm{d}x<C(n_0,c_0,w_0,u_0,T) \tag{7.3.25}$$

证明 令$C_1:=\|\nabla\phi\|_{L^\infty(\Omega)}$。在不等式（7.3.7）中令$\eta=1$，$M:=M(\Omega)>0$，则对任意$t>0$，有

$$\begin{aligned}&\int_\Omega n_\varepsilon u_\varepsilon\cdot\nabla\phi\mathrm{d}x\\&\leqslant C_1\int_\Omega n_\varepsilon|u_\varepsilon|\mathrm{d}x\\&\leqslant C_1\int_\Omega n_\varepsilon|u_{\varepsilon 1}|\mathrm{d}x+C_1\int_\Omega n_\varepsilon|u_{\varepsilon 2}|\mathrm{d}x\\&\leqslant\frac{2C_1}{a}\int_\Omega n_\varepsilon\ln\frac{n_\varepsilon}{\overline{n}_0}\mathrm{d}x+\frac{C_1a}{2\pi}\int_\Omega n_\varepsilon\mathrm{d}x\cdot\int_\Omega|\nabla u_\varepsilon|^2\mathrm{d}x+2C_1Ma\cdot\int_\Omega n_\varepsilon\mathrm{d}x\cdot\left(\int_\Omega|u_\varepsilon|\mathrm{d}x\right)^2+\end{aligned}$$

$$\frac{2C_1M}{a}\int_\Omega n_\varepsilon \mathrm{d}x$$
$$=\frac{2C_1}{a}\int_\Omega n_\varepsilon \ln\frac{n_\varepsilon}{\overline{n}_0}\mathrm{d}x+\frac{C_1am}{2\pi}\int_\Omega|\nabla u_\varepsilon|^2\mathrm{d}x+2C_1Mam\left(\int_\Omega|u_\varepsilon|\mathrm{d}x\right)^2+\frac{2C_1Mm}{a}$$

其中$m=\int_\Omega n_0\mathrm{d}x=\int_\Omega n_\varepsilon\mathrm{d}x$。根据 Hölder（霍德尔）不等式和 Poincaré（庞加莱）不等式，可以找到一个常数$C_2>0$，使得对任意$t>0$，有

$$\left(\int_\Omega|u_\varepsilon|\mathrm{d}x\right)^2\leqslant|\Omega|\int_\Omega|u_\varepsilon|^2\mathrm{d}x\leqslant C_2|\Omega|\int_\Omega|\nabla u_\varepsilon|^2\mathrm{d}x$$

不妨取$C_3:=\frac{1}{2}\cdot\frac{1}{\frac{C_1}{2\pi}+2C_1C_2M|\Omega|}$，$a:=\frac{C_3}{m}>0$，则对任意的$t>0$，有

$$\int_\Omega n_\varepsilon u_\varepsilon\cdot\nabla\phi\mathrm{d}x$$
$$\leqslant\frac{2C_1}{a}\int_\Omega n_\varepsilon\ln\frac{n_\varepsilon}{\overline{n}_0}\mathrm{d}x+\left(\frac{C_1am}{2\pi}+2C_1C_2M|\Omega|am\right)\cdot\int_\Omega|\nabla u_\varepsilon|^2\mathrm{d}x+\frac{2C_1Mm}{a}$$
$$=\frac{2C_1m}{C_3}\int_\Omega n_\varepsilon\ln\frac{n_\varepsilon}{\overline{n}_0}\mathrm{d}x+\frac{1}{2}\int_\Omega|\nabla u_\varepsilon|^2\mathrm{d}x+\frac{2C_1Mm^2}{C_3}$$

在方程组（7.3.1）中第 4 个方程的两端同时乘以u_ε，然后关于空间变量分部积分，则对任意$t>0$，有

$$\frac{1}{2}\frac{\mathrm{d}}{\mathrm{d}t}\int_\Omega|u_\varepsilon|^2\mathrm{d}x+\int_\Omega|\nabla u_\varepsilon|^2\mathrm{d}x$$
$$=\int_\Omega n_\varepsilon u_\varepsilon\cdot\nabla\phi\mathrm{d}x$$
$$\leqslant\frac{2C_1m}{C_3}\int_\Omega n_\varepsilon\ln\frac{n_\varepsilon}{\overline{n}_0}\mathrm{d}x+\frac{1}{2}\int_\Omega|\nabla u_\varepsilon|^2\mathrm{d}x+\frac{2C_1Mm^2}{C_3}$$

化简得

$$\frac{\mathrm{d}}{\mathrm{d}t}\int_\Omega|u_\varepsilon|^2\mathrm{d}x+\int_\Omega|\nabla u_\varepsilon|^2\mathrm{d}x\leqslant\frac{4C_1m}{C_3}\int_\Omega n_\varepsilon\ln\frac{n_\varepsilon}{\overline{n}_0}\mathrm{d}x+\frac{4C_1Mm^2}{C_3}\tag{7.3.26}$$

令$C_4:=\max\left\{\frac{4C_1m}{C_3},\frac{4C_1Mm^2}{C_3}\right\}$，得到

$$\frac{\mathrm{d}}{\mathrm{d}t}\int_\Omega|u_\varepsilon|^2\mathrm{d}x+\int_\Omega|\nabla u_\varepsilon|^2\mathrm{d}x\leqslant C_4\int_\Omega n_\varepsilon\ln\frac{n_\varepsilon}{\overline{n}_0}\mathrm{d}x+C_4$$

根据式（7.3.21），可知存在一个常数$C_5>0$，对任意$T>0$，$\varepsilon\in(0,1)$，有

$$\int_0^T\int_\Omega n_\varepsilon \ln\frac{n_\varepsilon}{\overline{n}_0}\mathrm{d}x\mathrm{d}t \leqslant C_5$$

在式（7.3.26）两端同时对时间变量积分，则对任意$t\in(0,T)$，$\varepsilon\in(0,1)$，有

$$\int_\Omega |u_\varepsilon|^2\mathrm{d}x \leqslant \int_\Omega |u_0|^2\mathrm{d}x + C_4C_5 + C_4T$$

即式（7.3.25）成立。 □

引理 7.3.7 设$m_0\in(0,8\pi)$，$T>0$，如果式（7.2.3）成立且满足$\int_\Omega n_0\,\mathrm{d}x < m_0$，则存在常数$K(m_0)>0$，$C(n_0,c_0,w_0,u_0)>0$，使得对任意的$\varepsilon\in(0,1)$，有

$$\frac{1}{T}\int_0^T\int_\Omega |\nabla u_\varepsilon|^2\mathrm{d}x \leqslant K(m_0)m^2\ln\frac{16\pi}{m} + \frac{C(n_0,c_0,w_0,u_0)}{T}$$

成立，其中$m:=\int_\Omega n_0\mathrm{d}x$。

证明 根据式（7.3.26）可知，存在$K_1>0$，对任意$t>0$，$\varepsilon\in(0,1)$，使得

$$\frac{\mathrm{d}}{\mathrm{d}t}\int_\Omega |u_\varepsilon|^2\mathrm{d}x + \int_\Omega |\nabla u_\varepsilon|^2\mathrm{d}x \leqslant K_1 m\int_\Omega n_\varepsilon \ln\frac{n_\varepsilon}{\overline{n}_0}\mathrm{d}x + K_1m^2 \tag{7.3.27}$$

成立。由式（7.3.24）可以推出，对任意$T>0$，$\varepsilon\in(0,1)$，有

$$\frac{1}{T}\int_0^T\int_\Omega n_\varepsilon \ln\frac{n_\varepsilon}{\overline{n}_0}\mathrm{d}x\mathrm{d}t \leqslant K_2(m_0)m\ln\frac{16\pi}{m} + \frac{C_1(n_0,c_0,w_0,u_0)}{T}$$

其中$K_2(m_0)>0$，$C_1(n_0,c_0,w_0,u_0)>0$。

对式（7.3.27）关于时间变量在$(0,T)$上积分，直接计算可知

$$\begin{aligned}
&\frac{1}{T}\int_\Omega |u_\varepsilon(\cdot,T)|^2\mathrm{d}x + \frac{1}{T}\int_0^T\int_\Omega |\nabla u_\varepsilon|^2\mathrm{d}x\mathrm{d}t\\
\leqslant{}& \frac{1}{T}\int_\Omega |u_0|^2\mathrm{d}x + \frac{K_1m}{T}\int_0^T\int_\Omega n_\varepsilon \ln\frac{n_\varepsilon}{\overline{n}_0}\mathrm{d}x\mathrm{d}t + K_1m^2\\
\leqslant{}& \frac{1}{T}\int_\Omega |u_0|^2\mathrm{d}x + K_1K_2(m_0)m^2\ln\frac{16\pi}{m} + \frac{K_1mC_1(n_0,c_0,w_0,u_0)}{T} + K_1m^2
\end{aligned}$$

对任意$T>0$, $\varepsilon\in(0,1)$成立。

由于$m\leqslant m_0<8\pi$，因此

$$\frac{K_1}{\ln\dfrac{16\pi}{m}} < \frac{K_1}{\ln 2}$$

不妨取 $K(m_0):=K_1K_2(m_0)+\dfrac{K_1}{\ln 2}$， $C(n_0,c_0,w_0,u_0):=\int_\Omega|u_0|^2\mathrm{d}x+K_1mC_1(n_0,v_0,w_0,u_0)$，即可得到引理 7.3.7 的结论。 □

由于在后面证明中要用到 Aubin-Lions（奥宾–利翁斯）引理，下面先给出 $n_\varepsilon,c_\varepsilon,w_\varepsilon,u_\varepsilon$ 关于时间导数的有界性估计。

引理 7.3.8 如果式（7.2.3）成立，则对任意 $T>0$，$\varepsilon\in(0,1)$，存在常数 $C(n_0,c_0,w_0,u_0,T)>0$，使得

$$\int_0^T\left\|\partial_t\ln\left(n_\varepsilon+1\right)\right\|_{(W^{2,2}(\Omega))^*}\mathrm{d}t\leqslant C(n_0,c_0,w_0,u_0,T) \tag{7.3.28}$$

$$\int_0^T\|c_{\varepsilon t}(\cdot,t)\|_{(W^{2,2}(\Omega))^*}\mathrm{d}t\leqslant C(n_0,c_0,w_0,u_0,T) \tag{7.3.29}$$

$$\int_0^T\|w_{\varepsilon t}(\cdot,t)\|_{(W^{2,2}(\Omega))^*}\mathrm{d}t\leqslant C(n_0,c_0,w_0,u_0,T) \tag{7.3.30}$$

$$\int_0^T\|u_{\varepsilon t}(\cdot,t)\|_{W^{2,2}(\Omega)\cap W_{0,\sigma}^{1,2}(\Omega)}\mathrm{d}t\leqslant C(n_0,c_0,w_0,u_0,T) \tag{7.3.31}$$

证明 给定 $T>0$，令 $\varphi\in L^\infty((0,T);W^{2,2}(\Omega))$ 且满足 $\|\varphi\|_{L^\infty((0,T);W^{2,2}(\Omega))}\leqslant 1$，在正则化问题（7.3.1）的第 2 个方程两端同时乘以 φ，然后关于空间变量积分，利用 Hölder（霍德尔）不等式和 Young（杨）不等式可知，对任意 $t>0$，$\varepsilon\in(0,1)$，有

$$\begin{aligned}
&\left|\int_\Omega c_{\varepsilon t}\varphi\mathrm{d}x\right|\\
&=\left|-\int_\Omega\nabla c_\varepsilon\cdot\nabla\varphi\mathrm{d}x-\int_\Omega c_\varepsilon\varphi\mathrm{d}x+\int_\Omega w_\varepsilon\varphi\mathrm{d}x-\int_\Omega(u_\varepsilon\cdot c_\varepsilon)\varphi\mathrm{d}x\right|\\
&\leqslant\left(\frac{1}{2}\int_\Omega|\nabla c_\varepsilon|^2\,\mathrm{d}x+\frac{1}{2}\right)\cdot\|\nabla\varphi\|_{L^2(\Omega)}+\\
&\quad\left(\int_\Omega c_\varepsilon\mathrm{d}x+\int_\Omega w_\varepsilon\mathrm{d}x+\frac{1}{2}\int_\Omega|u_\varepsilon|^2\mathrm{d}x+\frac{1}{2}\int_\Omega|\nabla c_\varepsilon|^2\mathrm{d}x\right)\cdot\|\varphi\|_{L^\infty(\Omega)}
\end{aligned}$$

由嵌入定理可知 $W^{2,2}(\Omega)$ 嵌入 $L^\infty(\Omega)$，即 $\|\varphi\|_{L^\infty(\Omega)}\leqslant C\|\varphi\|_{W^{2,2}(\Omega)}$，$C>0$。综合式（7.3.3）、式（7.3.4）、式（7.3.22）和式（7.3.25）即可得到式（7.3.29）成立。

用类似的方法也可以证明式（7.3.28）、式（7.3.30）和式（7.3.31）成立。 □

7.4 主要结果证明

接下来证明正则化问题（7.3.1）解的极限函数是初边值问题（7.2.1）的整体广义解。

7.4.1 初边值问题（7.2.1）整体广义解的存在性

命题 7.4.1 假设式（7.2.3）成立且满足 $\int_\Omega n_0 \mathrm{d}x < 8\pi$，则存在序列 $\{\varepsilon_j\}_{j\in\mathbb{N}} \subset (0,1)$ 和函数 n,c,w,u 满足

$$\begin{cases} n \in L^\infty((0,\infty);L^1(\Omega)) \\ c \in L^\infty((0,\infty);L^1(\Omega)) \cap L^2_{\mathrm{loc}}([0,\infty);W^{1,2}(\Omega)) \\ w \in L^\infty((0,\infty);L^1(\Omega)) \cap L^2_{\mathrm{loc}}([0,\infty);W^{1,2}(\Omega)) \\ u \in L^\infty_{\mathrm{loc}}([0,\infty);L^2_\sigma(\Omega)) \cap L^2_{\mathrm{loc}}([0,\infty);W_0^{1,2}(\Omega;\mathbb{R}^2)) \end{cases} \tag{7.4.1}$$

且在 $\Omega\times(0,\infty)$ 上 $n\geqslant 0$、$c\geqslant 0$、$w\geqslant 0$ 几乎处处成立，以及

$$\ln(n+1) \in L^2_{\mathrm{loc}}([0,\infty);W^{1,2}(\Omega)) \tag{7.4.2}$$

当 $j\to\infty$ 时 $\varepsilon_j \searrow 0$，并且当 $\varepsilon=\varepsilon_j \searrow 0$ 时，

$$n_\varepsilon \to n，\text{在 } L^1_{\mathrm{loc}}(\bar\Omega\times[0,\infty)) \text{ 上} \tag{7.4.3}$$

$$n_\varepsilon \to n，\text{a.e.在 } \Omega\times(0,\infty) \text{ 上} \tag{7.4.4}$$

$$c_\varepsilon \to c，\text{在 } L^2_{\mathrm{loc}}(\bar\Omega\times[0,\infty)) \text{ 上} \tag{7.4.5}$$

$$c_\varepsilon \to c，\text{a.e.在 } \Omega\times(0,\infty) \text{ 上} \tag{7.4.6}$$

$$w_\varepsilon \to w，\text{在 } L^2_{\mathrm{loc}}(\bar\Omega\times[0,\infty)) \text{ 上} \tag{7.4.7}$$

$$w_\varepsilon \to w，\text{a.e.在 } \Omega\times(0,\infty) \text{ 上} \tag{7.4.8}$$

$$u_\varepsilon \to u，\text{在 } L^2_{\mathrm{loc}}(\bar\Omega\times[0,\infty)) \text{ 上} \tag{7.4.9}$$

$$u_\varepsilon \to u，\text{a.e.在 } \Omega\times(0,\infty) \text{ 上} \tag{7.4.10}$$

$$\nabla\ln(n_\varepsilon+1) \rightharpoonup \nabla\ln(n+1)，\text{在 } L^2_{\mathrm{loc}}(\bar\Omega\times[0,\infty)) \text{ 上} \tag{7.4.11}$$

$$\ln(n_\varepsilon+1) \to \ln(n+1)，\text{在 } L^2_{\mathrm{loc}}(\bar\Omega\times[0,\infty)) \text{ 上} \tag{7.4.12}$$

$$\nabla c_\varepsilon \rightharpoonup \nabla c，\text{在 } L^2_{\mathrm{loc}}(\bar\Omega\times[0,\infty)) \text{ 上} \tag{7.4.13}$$

$$\nabla w_\varepsilon \rightharpoonup \nabla w，\text{在 } L^2_{\mathrm{loc}}(\bar\Omega\times[0,\infty)) \text{ 上} \tag{7.4.14}$$

$$\nabla u_\varepsilon \to \nabla u\text{，在 } L^2_{\text{loc}}(\bar{\Omega}\times[0,\infty))\text{ 上} \tag{7.4.15}$$

特别地，对任意$\varphi \in C_0^\infty(\bar{\Omega}\times[0,\infty))$，式（7.2.6）和式（7.2.7）都成立；且在任意$\psi \in C_0^\infty(\Omega\times[0,\infty);\mathbb{R}^2)$满足$\nabla\cdot\psi = 0$时，式（7.2.8）成立。

证明　根据引理7.3.5～引理7.3.7以及引理7.3.2可知，对任意$T>0$，有

$$\{\ln(n_\varepsilon+1)\}_{\varepsilon\in(0,1)},\{c_\varepsilon\}_{\varepsilon\in(0,1)},\{w_\varepsilon\}_{\varepsilon\in(0,1)},\{u_\varepsilon\}_{\varepsilon\in(0,1)} \in L^2((0,T);W^{1,2}(\Omega))$$

由式（7.3.28）～ 式（7.3.31）可知

$$\{\partial_t \ln(n_\varepsilon+1)\}_{\varepsilon\in(0,1)},\{c_{\varepsilon t}\}_{\varepsilon\in(0,1)},\{w_{\varepsilon t}\}_{\varepsilon\in(0,1)},\{u_{\varepsilon t}\}_{\varepsilon\in(0,1)} \in L^1((0,T);(W^{2,2}(\Omega))^*)$$

根据嵌入定理可知$W^{1,2}(\Omega)$紧嵌入$L^2(\Omega)$，$L^2(\Omega)$嵌入$(W^{2,2}(\Omega))^*$，应用Aubin-Lions（奥宾−利翁斯）引理，可知存在序列$\{\varepsilon_j\}_{j\in\mathbb{N}} \subset (0,1)$满足$j\to\infty$时$\varepsilon=\varepsilon_j \searrow 0$，极限组成的函数组$(n,c,w,u)$满足式（7.4.1）和式（7.4.2）。同时也有式（7.4.5）～ 式（7.4.15）成立，以及当$\varepsilon=\varepsilon_j\searrow 0$时，有

$$n_\varepsilon \to n\text{，a.e.在 } \Omega\times(0,\infty)\text{ 上}$$

由于式（7.3.21）保证了函数列$n_\varepsilon \ln\dfrac{n_\varepsilon}{\overline{n_0}}$的一致可积性，因此通过Vitali（维塔利）收敛定理，式（7.4.3）成立。

结合式（7.3.2）、式（7.4.3）和Fatou（法杜）引理，可知对任意$t\in(0,\infty)$，有

$$\int_\Omega n(\cdot,t)\mathrm{d}x \leqslant \int_\Omega n_0 \mathrm{d}x$$

将正则化问题（7.3.1）的第2个方程两边同时乘以任意的$\varphi\in C_0^\infty(\bar{\Omega}\times[0,\infty))$，然后方程两边同时关于时空变量积分

$$\begin{aligned}&-\int_0^\infty\int_\Omega c_\varepsilon\varphi_t \mathrm{d}x\mathrm{d}t - \int_\Omega c_{\varepsilon 0}\varphi(\cdot,0)\mathrm{d}x\\ &= -\int_0^\infty\int_\Omega \nabla c_\varepsilon\cdot\nabla\varphi \mathrm{d}x\mathrm{d}t - \int_0^\infty\int_\Omega c_\varepsilon\varphi \mathrm{d}x\mathrm{d}t + \int_0^\infty\int_\Omega w_\varepsilon\varphi\mathrm{d}x\mathrm{d}t + \int_0^\infty\int_\Omega c_\varepsilon(u_\varepsilon\cdot\nabla\varphi)\mathrm{d}x\mathrm{d}t\end{aligned}$$

根据式（7.4.5）、式（7.4.13）、式（7.4.7）和式（7.4.9），当$\varepsilon=\varepsilon_j\searrow 0$时

$$-\int_0^\infty\int_\Omega c_\varepsilon\varphi_t\mathrm{d}x\mathrm{d}t \to -\int_0^\infty\int_\Omega c\varphi_t\mathrm{d}x\mathrm{d}t$$

$$-\int_0^\infty\int_\Omega \nabla c_\varepsilon\cdot\nabla\varphi\mathrm{d}x\mathrm{d}t \to -\int_0^\infty\int_\Omega \nabla c\cdot\nabla\varphi\mathrm{d}x\mathrm{d}t$$

$$\int_0^\infty \int_\Omega c_\varepsilon \varphi \mathrm{d}x\mathrm{d}t \to \int_0^\infty \int_\Omega c\varphi \mathrm{d}x\mathrm{d}t$$

$$\int_0^\infty \int_\Omega w_\varepsilon \varphi \mathrm{d}x\mathrm{d}t \to \int_0^\infty \int_\Omega w\varphi \mathrm{d}x\mathrm{d}t$$

$$\int_0^\infty \int_\Omega c_\varepsilon (u_\varepsilon \cdot \nabla \varphi) \mathrm{d}x\mathrm{d}t \to \int_0^\infty \int_\Omega c(u \cdot \nabla \varphi) \mathrm{d}x\mathrm{d}t$$

则式（7.2.6）显然成立。

类似地，式（7.2.7）和式（7.2.8）同样成立。 □

引理 7.4.1 存在一个零测度集 $A \subset (0,\infty)$，使得命题 7.4.1 中得到的极限函数 n,c,w,u 满足下列不等式

$$\frac{1}{2}\int_\Omega c^2(\cdot,T)\mathrm{d}x - \frac{1}{2}\int_\Omega c_0^2 \mathrm{d}x + \int_0^T \int_\Omega |\nabla c|^2 \mathrm{d}x\mathrm{d}t \geqslant -\int_0^T \int_\Omega c^2 \mathrm{d}x\mathrm{d}t + \int_0^T \int_\Omega wc \mathrm{d}x\mathrm{d}t,$$
$$T \in (0,\infty) \setminus A \tag{7.4.16}$$

该引理的证明过程类似文献[23]中引理 7.1 的证明，故这里省略其证明。

引理 7.4.2 设 $\{\varepsilon_j\}_{j\in\mathbb{N}}$ 如命题 7.4.1 定义，则存在一个子列，仍记为 $\{\varepsilon_j\}_{j\in\mathbb{N}}$，使得对任意 $T>0$，在 $L^2(\Omega\times(0,T))$ 中，当 $\varepsilon=\varepsilon_j \searrow 0$ 时，有

$$\nabla c_\varepsilon \to \nabla c \tag{7.4.17}$$

证明 由于在 $L^2_{\mathrm{loc}}(\bar{\Omega}\times[0,\infty))$ 中 $c_\varepsilon \to c$，可以找到一个子列 $\{\varepsilon_j\}_{j\in\mathbb{N}}$，使得当 $\varepsilon=\varepsilon_j \searrow 0$ 时，有

$$\int_\Omega c_\varepsilon^2(\cdot,T)\mathrm{d}x \to \int_\Omega c^2(\cdot,T)\mathrm{d}x, \quad T\in(0,\infty)\setminus A_1$$

其中 $A_1 \subset (0,\infty)$ 是某个零测度集。选取引理 7.4.1 中的 $A\subset(0,\infty)$，现只需证明对所有 $T\in(0,\infty)\setminus(A\cup A_1)$，式（7.4.17）是正确的。

根据式（7.4.6）和式（7.4.8），可知在 $\Omega\times(0,\infty)$ 上，几乎处处都有

$$c_\varepsilon w_\varepsilon \to cw, \quad \varepsilon=\varepsilon_j \searrow 0$$

令 $r\in\left(1,\frac{6}{5}\right)$，利用 Hölder（霍德尔）不等式和 Young（杨）不等式，对任意 $\varepsilon\in(0,1)$，有

$$\begin{aligned}
\int_0^T \int_\Omega |c_\varepsilon w_\varepsilon|^r \mathrm{d}x\mathrm{d}t &= \int_0^T \|c_\varepsilon w_\varepsilon\|_{L^r(\Omega)}^r \mathrm{d}t \\
&\leqslant \int_0^T \|w_\varepsilon\|_{L^{\frac{2r}{2-r}}(\Omega)}^r \|c_\varepsilon\|_{L^2(\Omega)}^r \mathrm{d}t \\
&\leqslant \frac{2-r}{2}\int_0^T \|w_\varepsilon\|_{L^{\frac{2r}{2-r}}(\Omega)}^{\frac{2r}{2-r}} \mathrm{d}t + \frac{r}{2}\int_0^T \|c_\varepsilon\|_{L^2(\Omega)}^2 \mathrm{d}t
\end{aligned}$$

为了处理不等式右端的第 2 项，根据 $W^{1,2}(\Omega)$ 嵌入 $L^2(\Omega)$，可以找到常数 $C',C_1>0$，使得对任意 $\varepsilon\in(0,1)$，有

$$\int_0^T\|c_\varepsilon\|_{L^2(\Omega)}^2\mathrm{d}t\leqslant C'\int_0^T\|\nabla c_\varepsilon\|_{L^2(\Omega)}^2\mathrm{d}t\leqslant C_1$$

再根据 Gagliardo-Nirenberg（加利亚尔多–尼伦伯格）不等式和式（7.3.3），可以找到常数 $C'',C_2>0$，使得对任意 $\varepsilon\in(0,1)$，有

$$\begin{aligned}\|w_\varepsilon\|_{L^{\frac{2r}{2-r}}(\Omega)}^{\frac{2r}{2-r}}&\leqslant C''\|\nabla w_\varepsilon\|_{L^2(\Omega)}^{\frac{3r-2}{2-r}}\|w_\varepsilon\|_{L^1(\Omega)}+C''\|w_\varepsilon\|_{L^1(\Omega)}^{\frac{2r}{2-r}}\\&\leqslant C_2\|\nabla w_\varepsilon\|_{L^2(\Omega)}^{\frac{3r-2}{2-r}}+C_2\end{aligned}$$

根据 $\dfrac{3r-2}{2-r}=-3+\dfrac{4}{2-r}<-3+\dfrac{4}{2-\dfrac{6}{5}}=2$，结合式（7.3.23），可得到一个非负常数 C_3，使得对任意 $\varepsilon\in(0,1)$，有

$$\begin{aligned}\int_0^T\|w_\varepsilon\|_{L^{\frac{2r}{2-r}}(\Omega)}^{\frac{2r}{2-r}}\mathrm{d}t&\leqslant C_2\int_0^T\int_\Omega|\nabla w_\varepsilon|^2\mathrm{d}x\mathrm{d}t+C_2T\\&\leqslant C_3\end{aligned}$$

所以存在 $C_4>0$，使得 $\int_0^T\int_\Omega|c_\varepsilon w_\varepsilon|^r\,\mathrm{d}x\mathrm{d}t\leqslant C_4$。因为 $\int_0^T\int_\Omega|c_\varepsilon w_\varepsilon|^r\,\mathrm{d}x\mathrm{d}t\leqslant C_4$ 的有界性可以保证 $\{c_\varepsilon w_\varepsilon\}_{\varepsilon\in(0,1)}$ 的一致可积性，所以根据 Vitali（维塔利）收敛定理，当 $\varepsilon=\varepsilon_j\searrow 0$ 时

$$\int_0^T\int_\Omega c_\varepsilon w_\varepsilon\mathrm{d}x\mathrm{d}t\to\int_0^T\int_\Omega cw\mathrm{d}x\mathrm{d}t$$

根据引理 7.4.1，选择合适的 T，有

$$\begin{aligned}&\int_0^T\int_\Omega|\nabla c|^2\,\mathrm{d}x\mathrm{d}t\\&\geqslant-\frac{1}{2}\int_\Omega c^2(\cdot,T)\mathrm{d}x+\frac{1}{2}\int_\Omega c_0^2\mathrm{d}x-\int_0^T\int_\Omega c^2\mathrm{d}x\mathrm{d}t+\int_0^T\int_\Omega cw\mathrm{d}x\mathrm{d}t\\&=\lim_{\varepsilon=\varepsilon_j\searrow 0}\left\{-\frac{1}{2}\int_\Omega c_\varepsilon^2(\cdot,T)\mathrm{d}x+\frac{1}{2}\int_\Omega c_0^2\mathrm{d}x-\int_0^T\int_\Omega c_\varepsilon^2\mathrm{d}x\mathrm{d}t+\int_0^T\int_\Omega c_\varepsilon w_\varepsilon\mathrm{d}x\mathrm{d}t\right\}\end{aligned}\tag{7.4.18}$$

在正则化问题（7.3.1）的第 2 个方程的两端同时乘以 c_ε，再分部积分可得到

$$\int_0^T\int_\Omega|\nabla c_\varepsilon|^2\mathrm{d}x\mathrm{d}t=-\frac{1}{2}\int_\Omega c_\varepsilon^2(\cdot,T)\mathrm{d}x+\frac{1}{2}\int_\Omega c_0^2\mathrm{d}x-\int_0^T\int_\Omega c_\varepsilon^2\mathrm{d}x\mathrm{d}t+\int_0^T\int_\Omega c_\varepsilon w_\varepsilon\mathrm{d}x\mathrm{d}t\tag{7.4.19}$$

将式（7.4.19）代入式（7.4.18），得到

$$\int_0^T\int_\Omega|\nabla c|^2\,\mathrm{d}x\mathrm{d}t \geqslant \liminf_{\varepsilon=\varepsilon_j\searrow 0}\int_0^T\int_\Omega|\nabla c_\varepsilon|^2\,\mathrm{d}x\mathrm{d}t \tag{7.4.20}$$

另外，根据 $L^2(\Omega\times(0,T))$ 的范数相对于弱收敛的下半连续性可得到

$$\int_0^T\int_\Omega|\nabla c|^2\,\mathrm{d}x\mathrm{d}t \leqslant \liminf_{\varepsilon=\varepsilon_j\searrow 0}\int_0^T\int_\Omega|\nabla c_\varepsilon|^2\,\mathrm{d}x\mathrm{d}t \tag{7.4.21}$$

因此结合式（7.4.13）、式（7.4.20）和式（7.4.21）即可证得引理成立。 □

定理 7.4.1 设 $\Omega\subset\mathbb{R}^2$ 是一个具有光滑边界的有界区域，$\phi\in W^{2,\infty}(\Omega)$，初值 (n_0,c_0,w_0,u_0) 满足式（7.2.3），并且

$$\int_\Omega n_0\,\mathrm{d}x<8\pi$$

则存在函数

$$\begin{cases} n\in L^\infty((0,\infty);L^1(\Omega)) \\ c\in L^\infty((0,\infty);L^1(\Omega))\bigcap L^2_{\mathrm{loc}}([0,\infty);W^{1,2}(\Omega)) \\ w\in L^\infty((0,\infty);L^1(\Omega))\bigcap L^2_{\mathrm{loc}}([0,\infty);W^{1,2}(\Omega)) \\ u\in L^\infty_{\mathrm{loc}}([0,\infty);L^2_\sigma(\Omega))\bigcap L^2_{\mathrm{loc}}([0,\infty);W^{1,2}_0(\Omega;\mathbb{R}^2)) \end{cases}$$

使得 (n,v,w,u) 在定义 7.2.1 的意义下是初边值问题（7.2.1）的整体广义解。

证明 设 (n,v,w,u) 是由命题 7.4.1 中构造的函数组，根据定义 7.2.1，只需找到 $\Phi\in C^2([0,\infty))$ 且满足 $\Phi>0$，$\Phi'>0$，使得式（7.2.9）～式（7.2.12）成立。为了证明这一点，令

$$\Phi(s):=\ln(s+1),\quad s\geqslant 0 \tag{7.4.22}$$

注意到

$$\Phi'(s)=\frac{1}{s+1},\quad \Phi''(s)=-\frac{1}{(s+1)^2},\quad s\geqslant 0 \tag{7.4.23}$$

因此

$$\Phi''(n)|\nabla n|^2=-\frac{|\nabla n|^2}{(n+1)^2}=-|\nabla\ln(n+1)|^2\in L^1_{\mathrm{loc}}(\bar\Omega\times[0,\infty))$$

$$n\Phi'(n)=\frac{n}{n+1}\in L^2_{\mathrm{loc}}(\bar\Omega\times[0,\infty))$$

根据

$$\left|n\Phi''(n)\nabla n\right|=\frac{n\left|\nabla n\right|}{(n+1)^2}\leqslant\frac{\left|\nabla n\right|}{n+1}=\left|\nabla\ln(n+1)\right|$$

可得到 $n\Phi''(n)\nabla n\in L^2_{\mathrm{loc}}(\bar{\Omega}\times[0,\infty))$。

对任意 $(x,t)\in\partial\Omega\times(0,\infty)$，$\dfrac{\partial\varphi}{\partial\upsilon}=0$ 的非负函数 $\varphi\in C_0^\infty(\bar{\Omega}\times[0,\infty))$，用 $\Phi'(n_\varepsilon)\cdot\varphi=\dfrac{1}{n_\varepsilon+1}\cdot\varphi$ 乘以方程组（7.3.1）的第 1 个方程，再分部积分可知，对任意 $\varepsilon\in(0,1)$，有

$$\begin{aligned}&\int_0^\infty\int_\Omega\frac{1}{(n_\varepsilon+1)^2}\left|\nabla n_\varepsilon\right|^2\varphi\mathrm{d}x\mathrm{d}t\\&=-\int_0^\infty\int_\Omega\ln(n_\varepsilon+1)\varphi_t\mathrm{d}x\mathrm{d}t-\int_\Omega\ln\left(n_0+1\right)\varphi(\cdot,0)\mathrm{d}x-\int_0^\infty\int_\Omega\ln\left(n_\varepsilon+1\right)\Delta\varphi\mathrm{d}x\mathrm{d}t+\\&\int_0^\infty\int_\Omega\frac{n_\varepsilon}{(1+\varepsilon n_\varepsilon)(n_\varepsilon+1)^2}(\nabla n_\varepsilon\cdot\nabla c_\varepsilon)\varphi\mathrm{d}x\mathrm{d}t-\int_0^\infty\int_\Omega\frac{n_\varepsilon}{(1+\varepsilon n_\varepsilon)(n_\varepsilon+1)}\nabla c_\varepsilon\cdot\nabla\varphi\mathrm{d}x\mathrm{d}t+\\&\int_0^\infty\int_\Omega u_\varepsilon\cdot\nabla\ln(n_\varepsilon+1)\varphi\mathrm{d}x\mathrm{d}t\end{aligned}\tag{7.4.24}$$

根据式（7.4.12），当 $\varepsilon=\varepsilon_j\searrow0$ 时，可以得到

$$-\int_0^\infty\int_\Omega\ln(n_\varepsilon+1)\varphi_t\mathrm{d}x\mathrm{d}t\to-\int_0^\infty\int_\Omega\ln(n+1)\varphi_t\mathrm{d}x\mathrm{d}t\tag{7.4.25}$$

和

$$-\int_0^\infty\int_\Omega\ln(n_\varepsilon+1)\Delta\varphi\mathrm{d}x\mathrm{d}t\to-\int_0^\infty\int_\Omega\ln(n+1)\Delta\varphi\mathrm{d}x\mathrm{d}t\tag{7.4.26}$$

结合式（7.4.4），可得到在 $\Omega\times(0,\infty)$ 上，几乎处处有

$$\frac{n_\varepsilon}{(1+\varepsilon n_\varepsilon)(1+n_\varepsilon)}\to\frac{n}{1+n}$$

另外，对任意 $\varepsilon\in(0,1)$，在 $\Omega\times(0,\infty)$ 上显然有 $\left|\dfrac{n_\varepsilon}{(1+\varepsilon n_\varepsilon)(1+n_\varepsilon)}\right|\leqslant1$。又根据式（7.4.17），当 $\varepsilon=\varepsilon_j\searrow0$ 时，有

$$\frac{n_\varepsilon}{(1+\varepsilon n_\varepsilon)(1+n_\varepsilon)}\nabla c_\varepsilon\to\frac{n}{1+n}\nabla c\text{，在 }L^2(\Omega\times(0,T))\text{ 上}\tag{7.4.27}$$

整理得

$$\begin{aligned}&\int_0^{\infty}\int_{\Omega}\frac{n_{\varepsilon}}{(1+\varepsilon n_{\varepsilon})(1+n_{\varepsilon})^2}(\nabla n_{\varepsilon}\cdot\nabla c_{\varepsilon})\varphi\mathrm{d}x\mathrm{d}t\\&=\int_0^{\infty}\int_{\Omega}\nabla\ln(1+n_{\varepsilon})\cdot\left(\frac{n_{\varepsilon}\varphi}{(1+\varepsilon n_{\varepsilon})(1+n_{\varepsilon})}\nabla c_{\varepsilon}\right)\mathrm{d}x\mathrm{d}t\\&\to\int_0^{\infty}\int_{\Omega}\nabla\ln(1+n)\cdot\left(\frac{n\varphi}{1+n}\nabla c\right)\mathrm{d}x\mathrm{d}t\\&=\int_0^{\infty}\int_{\Omega}\frac{n}{(1+n)^2}(\nabla n\cdot\nabla c)\varphi\mathrm{d}x\mathrm{d}t\end{aligned}\tag{7.4.28}$$

和

$$-\int_0^{\infty}\int_{\Omega}\frac{n_{\varepsilon}}{(1+\varepsilon n_{\varepsilon})(1+n_{\varepsilon})}\nabla c_{\varepsilon}\cdot\nabla\varphi\mathrm{d}x\mathrm{d}t\to-\int_0^{\infty}\int_{\Omega}\frac{n}{1+n}\nabla c\cdot\nabla\varphi\mathrm{d}x\mathrm{d}t\tag{7.4.29}$$

另外，由式（7.4.9）和式（7.4.11）可知

$$\int_0^{\infty}\int_{\Omega}u_{\varepsilon}\cdot\nabla\ln(n_{\varepsilon}+1)\varphi\mathrm{d}x\mathrm{d}t\to\int_0^{\infty}\int_{\Omega}u\cdot\nabla\ln(n+1)\varphi\mathrm{d}x\mathrm{d}t\tag{7.4.30}$$

结合式（7.4.24）～ 式（7.4.26）和式（7.4.28）～ 式（7.4.30），整理后可知，对任意 $\varphi\in C_0^{\infty}(\bar{\Omega}\times[0,\infty))$，有

$$\begin{aligned}&\int_0^{\infty}\int_{\Omega}\frac{1}{(n+1)^2}|\nabla n|^2\varphi\mathrm{d}x\mathrm{d}t\\&\leqslant\liminf_{\varepsilon=\varepsilon_j\searrow0}\int_0^{\infty}\int_{\Omega}\frac{1}{(n_{\varepsilon}+1)^2}|\nabla n_{\varepsilon}|^2\varphi\mathrm{d}x\mathrm{d}t\\&=-\int_0^{\infty}\int_{\Omega}\ln(n+1)\varphi_t\mathrm{d}x\mathrm{d}t-\int_{\Omega}\ln(n_0+1)\varphi(\cdot,0)\mathrm{d}x-\int_0^{\infty}\int_{\Omega}\ln(n+1)\Delta\varphi\mathrm{d}x\mathrm{d}t+\\&\quad\int_0^{\infty}\int_{\Omega}\frac{n}{(n+1)^2}(\nabla n\cdot\nabla c)\varphi\mathrm{d}x\mathrm{d}t-\int_0^{\infty}\int_{\Omega}\frac{n}{n+1}\nabla c\cdot\nabla\varphi\mathrm{d}x\mathrm{d}t+\int_0^{\infty}\int_{\Omega}u\cdot\nabla\ln(n+1)\varphi\mathrm{d}x\mathrm{d}t\end{aligned}$$

即 n 是初边值问题（7.2.1）的如定义 7.2.1 所定义的整体广义解，因此，结合命题 7.4.1 即可得到定理 7.4.1 成立。 □

7.4.2 整体广义解的最终光滑性和稳定性

令 $t>0$，$\varepsilon\in(0,1)$，定义能量泛函

$$F_{\varepsilon}(t):=\int_{\Omega}n_{\varepsilon}(\cdot,t)\ln\frac{n_{\varepsilon}(\cdot,t)}{\overline{n}_0}\mathrm{d}x+\frac{1}{2}\int_{\Omega}|\nabla c_{\varepsilon}(\cdot,t)|^2\mathrm{d}x+\frac{1}{2}\int_{\Omega}|\nabla w_{\varepsilon}(\cdot,t)|^2\mathrm{d}x+\frac{1}{2}\int_{\Omega}|u_{\varepsilon}(\cdot,t)|^2\mathrm{d}x\tag{7.4.31}$$

结合$\int_\Omega n_0\,\mathrm{d}x$比较小的假设，可以得到整体广义解的衰减估计。

引理 7.4.3 存在$m_0\in(0,8\pi)$，$\delta\in\left(0,\dfrac{1}{2}\right)$，$\kappa>0$，$C>0$，满足下列性质：假设初值条件（7.2.3）成立且有$\int_\Omega n_0\,\mathrm{d}x<m_0$，对某个$t_0>0$和$\varepsilon\in(0,1)$，有

$$F_\varepsilon(t_0)\leqslant\delta \tag{7.4.32}$$

则对任意$t>t_0$，$\varepsilon\in(0,1)$，有

$$F_\varepsilon(t)\leqslant\delta\mathrm{e}^{-\kappa(t-t_0)} \tag{7.4.33}$$

和

$$\int_{t_0}^t\int_\Omega\frac{|\nabla n_\varepsilon|^2}{n_\varepsilon}\mathrm{d}x\mathrm{d}s+\int_{t_0}^t\int_\Omega|\Delta c_\varepsilon|^2\mathrm{d}x\mathrm{d}s+\int_{t_0}^t\int_\Omega|\Delta w_\varepsilon|^2\mathrm{d}x\mathrm{d}s+\int_{t_0}^t\int_\Omega|\nabla u_\varepsilon|^2\mathrm{d}x\mathrm{d}s\leqslant C \tag{7.4.34}$$

证明 根据 Poincaré（庞加莱）不等式，对任意$\varphi\in W^{1,1}(\Omega)$，存在$C_1>0$，使得

$$\int_\Omega(\varphi-\overline{\varphi})^2\mathrm{d}x\leqslant C_1\cdot\left(\int_\Omega|\nabla\varphi|\mathrm{d}x\right)^2 \tag{7.4.35}$$

其中$\overline{\varphi}:=\dfrac{1}{|\Omega|}\int_\Omega\varphi\mathrm{d}x$。

根据 Gagliardo-Nirenberg（加利亚尔多–尼伦伯格）不等式，对任意$\varphi\in W^{2,2}(\Omega)$，且在$\partial\Omega$上$\dfrac{\partial\varphi}{\partial\boldsymbol{\upsilon}}=0$，存在常数$C_2>0$，使得

$$\int_\Omega|\nabla\varphi|^4\mathrm{d}x\leqslant C_2\cdot\int_\Omega|\nabla\varphi|^2\mathrm{d}x\cdot\int_\Omega|\Delta\varphi|^2\mathrm{d}x \tag{7.4.36}$$

利用 Poincaré（庞加莱）不等式，对任意$\varphi\in W_0^{1,2}(\Omega;\mathbb{R}^2)$，存在常数$C_3>0$，使得

$$\int_\Omega|\varphi|^2\mathrm{d}x\leqslant C_3\int_\Omega|\nabla\varphi|^2\mathrm{d}x \tag{7.4.37}$$

进一步，对任意$\varphi\in C^1(\Omega)$，且在$\overline{\Omega}$上$\varphi>0$，根据对数 Sobolev（索伯列夫）不等式，存在$C_4>0$，使得

$$\int_\Omega\varphi\ln\frac{\varphi}{\overline{\varphi}}\mathrm{d}x\leqslant C_4\int_\Omega\frac{|\nabla\varphi|^2}{\varphi}\mathrm{d}x \tag{7.4.38}$$

令 $C_5 := \|\nabla\phi\|_{L^\infty(\Omega)}$，选取足够小的 $m_0 = m_0(\Omega) \in (0,8\pi)$，$\delta = \delta(\Omega) \in \left(0,\frac{1}{2}\right)$，使得

$$\frac{m_0}{|\Omega|} \leqslant \frac{1}{4} \tag{7.4.39}$$

和

$$C_1(1+2C_3C_5^2)m_0 \leqslant \frac{1}{8} \tag{7.4.40}$$

以及

$$\delta < \frac{1}{4C_2} \tag{7.4.41}$$

令 $\kappa = \kappa(\Omega) > 0$ 足够小且满足

$$\kappa < \frac{1}{2},\quad C_4\kappa \leqslant \frac{1}{8},\quad \frac{\kappa}{2} \leqslant \frac{1}{8C_3} \tag{7.4.42}$$

如果式（7.2.3）成立且有 $m := \int_\Omega n_0 \mathrm{d}x < m_0$，对某个 $t_0 > 0$，当 $t > t_0$、$\varepsilon \in (0,1)$ 时，若不等式

$$F'_\varepsilon(t) + \kappa F_\varepsilon(t) + \frac{1}{4}\int_\Omega \frac{|\nabla n_\varepsilon|^2}{n_\varepsilon}\mathrm{d}x + \frac{1}{4}\int_\Omega |\Delta c_\varepsilon|^2 \mathrm{d}x + \frac{1}{4}\int_\Omega |\Delta w_\varepsilon|^2 \mathrm{d}x + \frac{1}{4}\int_\Omega |\nabla u_\varepsilon|^2 \mathrm{d}x \leqslant 0 \tag{7.4.43}$$

成立，则直接计算积分即可得到式（7.4.33）和式（7.4.34）。

为了证明式（7.4.43），首先利用正则化问题（7.3.1），根据 n_ε 在 $\bar{\Omega}\times(0,\infty)$ 中的正性和质量守恒定律，可以得到对任意 $t > 0$，有

$$\begin{aligned}
\frac{\mathrm{d}}{\mathrm{d}t}\int_\Omega n_\varepsilon \ln\frac{n_\varepsilon}{\bar{n}_0}\mathrm{d}x &= \int_\Omega n_{\varepsilon t}\ln n_\varepsilon \mathrm{d}x + (1-\ln\bar{n}_0)\int_\Omega n_{\varepsilon t}\mathrm{d}x \\
&= -\int_\Omega \frac{|\nabla n_\varepsilon|^2}{n_\varepsilon}\mathrm{d}x + \int_\Omega \frac{1}{1+\varepsilon n_\varepsilon}\nabla n_\varepsilon\cdot\nabla c_\varepsilon \mathrm{d}x
\end{aligned}$$

同时有

$$\begin{aligned}
&\frac{1}{2}\frac{\mathrm{d}}{\mathrm{d}t}\int_\Omega |\nabla c_\varepsilon|^2\mathrm{d}x + \int_\Omega |\Delta c_\varepsilon|^2\mathrm{d}x + \int_\Omega |\nabla c_\varepsilon|^2\mathrm{d}x \\
&= -\int_\Omega w_\varepsilon \Delta c_\varepsilon \mathrm{d}x + \int_\Omega (u_\varepsilon\cdot\nabla c_\varepsilon)\Delta c_\varepsilon \mathrm{d}x \\
&= \int_\Omega \nabla w_\varepsilon\cdot\nabla c_\varepsilon \mathrm{d}x - \int_\Omega \nabla c_\varepsilon\cdot(\nabla u_\varepsilon\cdot\nabla c_\varepsilon)\mathrm{d}x
\end{aligned}$$

和

$$\frac{1}{2}\frac{\mathrm{d}}{\mathrm{d}t}\int_\Omega|\nabla w_\varepsilon|^2\mathrm{d}x+\int_\Omega|\Delta w_\varepsilon|^2\mathrm{d}x+\int_\Omega|\nabla w_\varepsilon|^2\mathrm{d}x=\int_\Omega\nabla n_\varepsilon\cdot\nabla w_\varepsilon\mathrm{d}x-\int_\Omega\nabla w_\varepsilon\cdot(\nabla u_\varepsilon\cdot\nabla w_\varepsilon)\mathrm{d}x$$

以及

$$\begin{aligned}\frac{1}{2}\frac{\mathrm{d}}{\mathrm{d}t}\int_\Omega|u_\varepsilon|^2\mathrm{d}x+\int_\Omega|\nabla u_\varepsilon|^2\mathrm{d}x&=\int_\Omega n_\varepsilon(u_\varepsilon\cdot\nabla\phi)\mathrm{d}x\\&=\int_\Omega(n_\varepsilon-\overline{n}_0)(u_\varepsilon\cdot\nabla\phi)\mathrm{d}x\end{aligned}$$

因此对任意 $t>0$，有

$$\begin{aligned}&F'_\varepsilon+\kappa F_\varepsilon+\int_\Omega\frac{|\nabla n_\varepsilon|^2}{n_\varepsilon}\mathrm{d}x+\int_\Omega|\Delta c_\varepsilon|^2\mathrm{d}x+\int_\Omega|\nabla c_\varepsilon|^2\mathrm{d}x+\int_\Omega|\Delta w_\varepsilon|^2\mathrm{d}x+\int_\Omega|\nabla w_\varepsilon|^2\mathrm{d}x+\\&\int_\Omega|\nabla u_\varepsilon|^2\mathrm{d}x\\=&\int_\Omega\frac{1}{1+\varepsilon n_\varepsilon}(\nabla n_\varepsilon\cdot\nabla c_\varepsilon)\mathrm{d}x+\int_\Omega(\nabla w_\varepsilon\cdot\nabla c_\varepsilon)\mathrm{d}x-\int_\Omega\nabla c_\varepsilon\cdot(\nabla u_\varepsilon\cdot\nabla c_\varepsilon)\mathrm{d}x+\int_\Omega(\nabla n_\varepsilon\cdot\nabla w_\varepsilon)\mathrm{d}x-\\&\int_\Omega\nabla w_\varepsilon\cdot(\nabla u_\varepsilon\cdot\nabla w_\varepsilon)\mathrm{d}x+\int_\Omega(n_\varepsilon-\overline{n}_0)(u_\varepsilon\cdot\nabla\phi)\mathrm{d}x+\kappa\int_\Omega n_\varepsilon\ln\frac{n_\varepsilon}{\overline{n}_0}\mathrm{d}x+\frac{\kappa}{2}\int_\Omega|\nabla c_\varepsilon|^2\mathrm{d}x+\\&\frac{\kappa}{2}\int_\Omega|\nabla w_\varepsilon|^2\mathrm{d}x+\frac{\kappa}{2}\int_\Omega|u_\varepsilon|^2\mathrm{d}x\end{aligned}\tag{7.4.44}$$

先对式（7.4.44）等号右端第 1 项进行估计，利用 Young（杨）不等式，对任意 $t>0$，有

$$\begin{aligned}&\int_\Omega\frac{1}{1+\varepsilon n_\varepsilon}(\nabla n_\varepsilon\cdot\nabla c_\varepsilon)\mathrm{d}x\\\leqslant&\int_\Omega(\nabla n_\varepsilon\cdot\nabla c_\varepsilon)\mathrm{d}x\\\leqslant&\frac{1}{4}\int_\Omega\frac{|\nabla n_\varepsilon|^2}{n_\varepsilon}\mathrm{d}x+\int_\Omega n_\varepsilon|\nabla c_\varepsilon|^2\mathrm{d}x\\=&\frac{1}{4}\int_\Omega\frac{|\nabla n_\varepsilon|^2}{n_\varepsilon}\mathrm{d}x+\int_\Omega(n_\varepsilon-\overline{n}_0)|\nabla c_\varepsilon|^2\mathrm{d}x+\frac{m}{|\Omega|}\int_\Omega|\nabla c_\varepsilon|^2\mathrm{d}x\\\leqslant&\frac{1}{4}\int_\Omega\frac{|\nabla n_\varepsilon|^2}{n_\varepsilon}\mathrm{d}x+\frac{1}{2}\int_\Omega(n_\varepsilon-\overline{n}_0)^2\mathrm{d}x+\frac{1}{2}\int_\Omega|\nabla c_\varepsilon|^4\mathrm{d}x+\frac{m}{|\Omega|}\int_\Omega|\nabla c_\varepsilon|^2\mathrm{d}x\end{aligned}$$

同样地，式（7.4.44）等号右端第 4 项估计如下，对任意 $t>0$，有

$$\int_\Omega\nabla n_\varepsilon\cdot\nabla w_\varepsilon\mathrm{d}x\leqslant\frac{1}{4}\int_\Omega\frac{|\nabla n_\varepsilon|^2}{n_\varepsilon}\mathrm{d}x+\frac{1}{2}\int_\Omega(n_\varepsilon-\overline{n}_0)^2\mathrm{d}x+\frac{1}{2}\int_\Omega|\nabla w_\varepsilon|^4\mathrm{d}x+\frac{m}{|\Omega|}\int_\Omega|\nabla w_\varepsilon|^2\mathrm{d}x$$

再次利用 Young（杨）不等式，分别得到式（7.4.44）等号右端第 2、3、5、6 项估计，对任意$t>0$，有

$$\int_\Omega(\nabla w_\varepsilon\cdot\nabla c_\varepsilon)\mathrm{d}x\leqslant\frac{1}{2}\int_\Omega|\nabla w_\varepsilon|^2\mathrm{d}x+\frac{1}{2}\int_\Omega|\nabla c_\varepsilon|^2\mathrm{d}x$$

$$-\int_\Omega\nabla c_\varepsilon\cdot(\nabla u_\varepsilon\cdot\nabla c_\varepsilon)\mathrm{d}x\leqslant\frac{1}{4}\int_\Omega|\nabla u_\varepsilon|^2\mathrm{d}x+\int_\Omega|\nabla c_\varepsilon|^4\mathrm{d}x$$

$$-\int_\Omega\nabla w_\varepsilon\cdot(\nabla u_\varepsilon\cdot\nabla w_\varepsilon)\mathrm{d}x\leqslant\frac{1}{4}\int_\Omega|\nabla u_\varepsilon|^2\mathrm{d}x+\int_\Omega|\nabla w_\varepsilon|^4\mathrm{d}x$$

以及

$$\begin{aligned}&\int_\Omega(n_\varepsilon-\overline{n}_0)(u_\varepsilon\cdot\nabla\phi)\mathrm{d}x\\ \leqslant&\, C_5\int_\Omega|n_\varepsilon-\overline{n}_0|\cdot|u_\varepsilon|\mathrm{d}x\\ \leqslant&\,\frac{1}{8C_3}\int_\Omega|u_\varepsilon|^2\mathrm{d}x+2C_3C_5^2\int_\Omega(n_\varepsilon-\overline{n}_0)^2\mathrm{d}x\end{aligned}$$

整理后得到

$$\begin{aligned}&F'_\varepsilon+\kappa F_\varepsilon+\frac{1}{2}\int_\Omega\frac{|\nabla n_\varepsilon|^2}{n_\varepsilon}\mathrm{d}x+\int_\Omega|\Delta c_\varepsilon|^2\mathrm{d}x+\left(\frac{1}{2}-\frac{m}{|\Omega|}-\frac{\kappa}{2}\right)\int_\Omega|\nabla c_\varepsilon|^2\mathrm{d}x+\int_\Omega|\Delta w_\varepsilon|^2\mathrm{d}x+\\&\left(\frac{1}{2}-\frac{m}{|\Omega|}-\frac{\kappa}{2}\right)\int_\Omega|\nabla w_\varepsilon|^2\mathrm{d}x+\frac{1}{2}\int_\Omega|\nabla u_\varepsilon|^2\mathrm{d}x\\ \leqslant&(1+2C_3C_5^2)\int_\Omega(n_\varepsilon-\overline{n}_0)^2\mathrm{d}x+\frac{3}{2}\int_\Omega|\nabla c_\varepsilon|^4\mathrm{d}x+\frac{3}{2}\int_\Omega|\nabla w_\varepsilon|^4\mathrm{d}x+\\&\left(\frac{1}{8C_3}+\frac{\kappa}{2}\right)\int_\Omega|u_\varepsilon|^2\mathrm{d}x+\kappa\int_\Omega n_\varepsilon\ln\frac{n_\varepsilon}{\overline{n}_0}\mathrm{d}x\end{aligned}$$

根据式（7.4.39）和式（7.4.42），可知对所有$t>0$，有

$$\begin{aligned}&F'_\varepsilon+\kappa F_\varepsilon+\frac{1}{2}\int_\Omega\frac{|\nabla n_\varepsilon|^2}{n_\varepsilon}\mathrm{d}x+\int_\Omega|\Delta c_\varepsilon|^2\mathrm{d}x+\int_\Omega|\Delta w_\varepsilon|^2\mathrm{d}x+\frac{1}{2}\int_\Omega|\nabla u_\varepsilon|^2\mathrm{d}x\\ \leqslant&(1+2C_3C_5^2)\int_\Omega(n_\varepsilon-\overline{n}_0)^2\mathrm{d}x+\frac{3}{2}\int_\Omega|\nabla c_\varepsilon|^4\mathrm{d}x+\frac{3}{2}\int_\Omega|\nabla w_\varepsilon|^4\mathrm{d}x+\left(\frac{1}{8C_3}+\frac{\kappa}{2}\right)\int_\Omega|u_\varepsilon|^2\mathrm{d}x+\\&\kappa\int_\Omega n_\varepsilon\ln\frac{n_\varepsilon}{\overline{n}_0}\mathrm{d}x\end{aligned}\tag{7.4.45}$$

接下来，分别讨论式（7.4.45）不等号右端的各项。

根据式（7.4.35）、Hölder（霍德尔）不等式和式（7.4.40）可以推

出，对任意 $t>0$，有

$$\begin{aligned}
&(1+2C_3C_5^2)\int_\Omega (n_\varepsilon-\overline{n}_0)^2\mathrm{d}x \\
&\leqslant C_1(1+2C_3C_5^2)\left(\int_\Omega |\nabla n_\varepsilon|\mathrm{d}x\right)^2 \\
&\leqslant C_1(1+2C_3C_5^2)\cdot\int_\Omega n_\varepsilon\mathrm{d}x\cdot\int_\Omega \frac{|\nabla n_\varepsilon|^2}{n_\varepsilon}\mathrm{d}x \\
&= C_1(1+2C_3C_5^2)m\int_\Omega \frac{|\nabla n_\varepsilon|^2}{n_\varepsilon}\mathrm{d}x \\
&\leqslant \frac{1}{8}\int_\Omega \frac{|\nabla n_\varepsilon|^2}{n_\varepsilon}\mathrm{d}x
\end{aligned}\tag{7.4.46}$$

根据式（7.4.38）和式（7.4.42），有

$$\begin{aligned}
\kappa\int_\Omega n_\varepsilon\ln\frac{n_\varepsilon}{\overline{n}_0}\mathrm{d}x &\leqslant C_4\kappa\int_\Omega \frac{|\nabla n_\varepsilon|^2}{n_\varepsilon}\mathrm{d}x \\
&\leqslant \frac{1}{8}\int_\Omega \frac{|\nabla n_\varepsilon|^2}{n_\varepsilon}\mathrm{d}x
\end{aligned}\tag{7.4.47}$$

结合式（7.4.31）和式（7.4.36）可知

$$\begin{aligned}
\frac{3}{2}\int_\Omega |\nabla c_\varepsilon|^4\mathrm{d}x &\leqslant \frac{3C_2}{2}\cdot\int_\Omega |\nabla c_\varepsilon|^2\mathrm{d}x\cdot\int_\Omega |\Delta c_\varepsilon|^2\mathrm{d}x \\
&\leqslant 3C_2F_\varepsilon\cdot\int_\Omega |\Delta c_\varepsilon|^2\mathrm{d}x
\end{aligned}\tag{7.4.48}$$

和

$$\frac{3}{2}\int_\Omega |\nabla w_\varepsilon|^4\mathrm{d}x \leqslant 3C_2F_\varepsilon\cdot\int_\Omega |\Delta w_\varepsilon|^2\mathrm{d}x \tag{7.4.49}$$

最后，根据式（7.4.37）和式（7.4.42）得到

$$\begin{aligned}
\left(\frac{1}{8C_3}+\frac{\kappa}{2}\right)\int_\Omega |u_\varepsilon|^2\mathrm{d}x &\leqslant \frac{1}{4C_3}\int_\Omega |u_\varepsilon|^2\mathrm{d}x \\
&\leqslant \frac{1}{4}\int_\Omega |\nabla u_\varepsilon|^2\mathrm{d}x
\end{aligned}\tag{7.4.50}$$

结合（7.4.46）～ 式（7.4.50）的结论，对任意 $t>0$，有

$$F'_\varepsilon+\kappa F_\varepsilon+\frac{1}{4}\int_\Omega \frac{|\nabla n_\varepsilon|^2}{n_\varepsilon}\mathrm{d}x+(1-3C_2F_\varepsilon)\int_\Omega |\Delta c_\varepsilon|^2\mathrm{d}x+(1-3C_2F_\varepsilon)\int_\Omega |\Delta w_\varepsilon|^2\mathrm{d}x+$$

$$\frac{1}{4}\int_{\Omega}|\nabla u_{\varepsilon}|^2\mathrm{d}x \leqslant 0 \tag{7.4.51}$$

令

$$T_0 := \sup\left\{T > t_0 \mid F_{\varepsilon}(t) < \frac{1}{4C_2}, t \in (t_0, T)\right\}$$

接下来利用反证法证明$T_0 = \infty$。

假设$T_0 < \infty$，则存在$t_1 > T$满足$F_{\varepsilon}(t) \geqslant \frac{1}{4C_2}$，而从式（7.4.51）可以知道$F'_{\varepsilon}(t) < 0$，根据$F_{\varepsilon}$的连续性可知$F_{\varepsilon}(t_1) \leqslant F_{\varepsilon}(t_0) \leqslant \delta < \frac{1}{4C_2}$，产生矛盾，所以$T_0 = \infty$。

由于对所有$t > t_0$，$1 - 3C_2F_{\varepsilon} \geqslant \frac{1}{4}$，则可以直接由式（7.4.51）得到式（7.4.43）。 □

引理 7.4.4 若式（7.2.3）成立且存在$m_1 \in (0, 8\pi)$，$\int_{\Omega} n_0 \mathrm{d}x < m_1$，则存在常数$\kappa > 0$，$C > 0$，$T = T(n_0, c_0, w_0, u_0) > 0$，使得对任意$\varepsilon \in (0,1)$，当$t > T$时，有

$$\int_{\Omega} n_{\varepsilon}(\cdot,t)\ln\frac{n_{\varepsilon}(\cdot,t)}{\overline{n}_0}\mathrm{d}x \leqslant \mathrm{e}^{-\kappa(t-T)} \tag{7.4.52}$$

$$\int_{\Omega}|\nabla c_{\varepsilon}(\cdot,t)|^2\mathrm{d}x \leqslant \mathrm{e}^{-\kappa(t-T)} \tag{7.4.53}$$

$$\int_{\Omega}|\nabla w_{\varepsilon}(\cdot,t)|^2\mathrm{d}x \leqslant \mathrm{e}^{-\kappa(t-T)} \tag{7.4.54}$$

$$\int_{\Omega}|u_{\varepsilon}(\cdot,t)|^2\mathrm{d}x \leqslant \mathrm{e}^{-\kappa(t-T)} \tag{7.4.55}$$

以及对任意$\varepsilon \in (0,1)$，有

$$\int_T^{\infty}\int_{\Omega}\frac{|\nabla n_{\varepsilon}|^2}{n_{\varepsilon}}\mathrm{d}x\mathrm{d}t \leqslant C$$

$$\int_T^{\infty}\int_{\Omega}|\Delta c_{\varepsilon}|^2\mathrm{d}x\mathrm{d}t \leqslant C$$

$$\int_T^{\infty}\int_{\Omega}|\Delta w_{\varepsilon}|^2\mathrm{d}x\mathrm{d}t \leqslant C$$

$$\int_T^{\infty}\int_{\Omega}|\nabla u_{\varepsilon}|^2\mathrm{d}x\mathrm{d}t \leqslant C$$

证明　选取引理 7.4.3 中的 $m_0 \in (0,8\pi)$，$\delta \in \left(0,\frac{1}{2}\right)$ 和 $\kappa > 0$，根据式（7.3.24）和引理 7.3.7，可以找到 $K_i(m_0) > 0$，$C_i = C_i(n_0, v_0, w_0, u_0) > 0$，$i = 1,2$，对任意 $\varepsilon \in (0,1)$，$T > 0$，有

$$\frac{1}{T}\cdot\left[\int_0^T\int_\Omega|\nabla c_\varepsilon|^2\mathrm{d}x\mathrm{d}t + \int_0^T\int_\Omega|\nabla w_\varepsilon|^2\mathrm{d}x\mathrm{d}t + \int_0^T\int_\Omega n_\varepsilon \ln\frac{n_\varepsilon}{\overline{n}_0}\mathrm{d}x\mathrm{d}t\right]$$
$$\leqslant K_1(m_0)m\ln\frac{16\pi}{m} + \frac{C_1(n_0,c_0,w_0,u_0)}{T} \tag{7.4.56}$$

和

$$\frac{1}{T}\int_0^T\int_\Omega|\nabla u_\varepsilon|^2\mathrm{d}x\mathrm{d}t \leqslant K_2(m_0)m^2\ln\frac{16\pi}{m} + \frac{C_2(n_0,c_0,w_0,u_0)}{T} \tag{7.4.57}$$

根据 Poincaré（庞加莱）不等式，对任意 $\varphi \in W_0^{1,2}(\Omega;\mathbb{R}^2)$，存在 $C_3 > 0$，使得

$$\int_\Omega|\varphi|^2\mathrm{d}x \leqslant C_3\int_\Omega|\nabla\varphi|^2\mathrm{d}x \tag{7.4.58}$$

则可以找到适当小的 $m_1 \in (0,m_0)$，使得

$$2K_1 m\ln\frac{16\pi}{m} + \frac{C_3}{2}K_2 m^2\ln\frac{16\pi}{m} \leqslant \frac{\delta}{2},\quad m \in (0,m_1) \tag{7.4.59}$$

选取足够大的 $T = T(n_0,c_0,w_0,u_0)$，使得

$$\frac{2C_1}{T} + \frac{C_2C_3}{2T} \leqslant \frac{\delta}{2} \tag{7.4.60}$$

因此，对每个 $\varepsilon \in (0,1)$，通过式（7.4.56）～ 式（7.4.60），可知式（7.4.31）中定义的能量泛函 F_ε 满足

$$\frac{1}{T}\int_0^T F_\varepsilon\mathrm{d}t$$
$$= \frac{1}{T}\int_0^T\int_\Omega n_\varepsilon\ln\frac{n_\varepsilon}{\overline{n}_0}\mathrm{d}x\mathrm{d}t + \frac{1}{2T}\int_0^T\int_\Omega|\nabla c_\varepsilon|^2\mathrm{d}x\mathrm{d}t + \frac{1}{2T}\int_0^T\int_\Omega|\nabla w_\varepsilon|^2\mathrm{d}x\mathrm{d}t + \frac{1}{2T}\int_0^T\int_\Omega|u_\varepsilon|^2\mathrm{d}x\mathrm{d}t$$
$$\leqslant 2\left(K_1 m\ln\frac{16\pi}{m} + \frac{C_1}{T}\right) + \frac{C_3}{2}\left(K_2 m^2\ln\frac{16\pi}{m} + \frac{C_2}{T}\right)$$
$$\leqslant \frac{\delta}{2} + \frac{\delta}{2} = \delta$$

所以对某个 $t_0 \in (0,T)$，有 $F_\varepsilon(t_0) \leqslant \delta$。利用 $t_0 \leqslant T$、$0 < \delta \leqslant \frac{1}{2}$ 和引理 7.4.3，可知结论成立。□

引理 7.4.5　若存在 $m_1 \in (0,8\pi)$ 和初值条件（7.2.3）成立且 $\int_\Omega n_0\mathrm{d}x < m_1$，

则存在常数$C>0$，$T=T(n_0,c_0,w_0,u_0)>0$，使得对任意$\varepsilon\in(0,1)$，$t>T$，有

$$\int_\Omega n_\varepsilon^2(\cdot,t)\mathrm{d}x\leqslant C \tag{7.4.61}$$

和

$$\int_\Omega\left|\nabla u_\varepsilon(\cdot,t)\right|^2\mathrm{d}x\leqslant C \tag{7.4.62}$$

证明 由 Sobolev（索伯列夫）不等式、Gagliardo-Nirenberg（加利亚尔多–尼伦伯格）不等式，可知存在常数$C_1>0$，$C_2>0$，满足

$$\|\varphi\|_{L^2(\Omega)}^2\leqslant C_1\|\nabla\varphi\|_{L^1(\Omega)}^2+C_1\|\varphi\|_{L^1(\Omega)}^2,\quad \varphi\in W^{1,1}(\Omega) \tag{7.4.63}$$

$$\|\varphi\|_{L^4(\Omega)}^2\leqslant C_2\|\nabla\varphi\|_{L^2(\Omega)}\|\varphi\|_{L^2(\Omega)}+C_2\|\varphi\|_{L^2(\Omega)}^2,\ \varphi\in W^{1,2}(\Omega) \tag{7.4.64}$$

对任意$\varphi\in W^{2,2}(\Omega)$且在$\partial\Omega$上满足$\dfrac{\partial\varphi}{\partial\boldsymbol{\upsilon}}=0$，根据 Gagliardo-Nirenberg（加利亚尔多–尼伦伯格）不等式可知，存在常数$C_3>0$，使得

$$\|\nabla\varphi\|_{L^4(\Omega)}^2\leqslant C_3\|\Delta\varphi\|_{L^2(\Omega)}\|\nabla\varphi\|_{L^2(\Omega)} \tag{7.4.65}$$

根据引理 7.4.4，可知存在常数$C_4>0$，$T_1=T_1(n_0,c_0,w_0,u_0)>0$，使得对任意$\varepsilon\in(0,1)$，$t>T_1$，有

$$\int_\Omega\left|\nabla c_\varepsilon\right|^2\mathrm{d}x\leqslant 1 \tag{7.4.66}$$

$$\int_{T_1}^\infty\int_\Omega\frac{\left|\nabla n_\varepsilon\right|^2}{n_\varepsilon}\mathrm{d}x\mathrm{d}t\leqslant C_4$$

以及

$$\int_{T_1}^\infty\int_\Omega\left|\Delta c_\varepsilon\right|^2\mathrm{d}x\mathrm{d}t\leqslant C_4 \tag{7.4.67}$$

对任意$t_1>T_1+1$，$\varepsilon\in(0,1)$，取$t_0=t_0(n_0,c_0,w_0,u_0,\varepsilon)\in(t_1-1,t_1)$，有

$$\int_\Omega\frac{\left|\nabla n_\varepsilon(\cdot,t_0)\right|^2}{n_\varepsilon(\cdot,t_0)}\mathrm{d}x\leqslant C_4$$

借助不等式（7.4.63）和 Cauchy-Schwartz（柯西–施瓦茨）不等式可得到

$$\begin{aligned}&\int_\Omega n_\varepsilon^2(\cdot,t_0)\mathrm{d}x\\&\leqslant C_1\Big(\int_\Omega\left|\nabla n_\varepsilon(\cdot,t_0)\right|\mathrm{d}x\Big)^2+C_1\Big(\int_\Omega n_\varepsilon(\cdot,t_0)\mathrm{d}x\Big)^2\\&\leqslant C_1\cdot\int_\Omega n_\varepsilon(\cdot,t_0)\mathrm{d}x\cdot\int_\Omega\frac{\left|\nabla n_\varepsilon(\cdot,t_0)\right|^2}{n_\varepsilon(\cdot,t_0)}\mathrm{d}x+C_1\Big(\int_\Omega n_\varepsilon(\cdot,t_0)\mathrm{d}x\Big)^2\end{aligned}$$

$$\leqslant C_5 := 8\pi C_1 C_4 + 64\pi^2 C_1 \tag{7.4.68}$$

最后一个不等式根据 $\int_\Omega n_\varepsilon(\cdot,t)\mathrm{d}x \leqslant m_1 \leqslant 8\pi$ 得到。

将正则化问题（7.3.1）的第 1 个方程两边同乘以 n_ε，然后两边关于空间变量积分，利用 $\nabla\cdot u_\varepsilon = 0$ 和 Young（杨）不等式，对任意 $t>0$，$\varepsilon\in(0,1)$，有

$$\begin{aligned}
&\frac{1}{2}\frac{\mathrm{d}}{\mathrm{d}t}\int_\Omega n_\varepsilon^2\mathrm{d}x + \int_\Omega |\nabla n_\varepsilon|^2\,\mathrm{d}x \\
&= \int_\Omega \frac{n_\varepsilon}{1+\varepsilon n_\varepsilon}\nabla n_\varepsilon\cdot\nabla c_\varepsilon\mathrm{d}x \\
&\leqslant \frac{1}{2}\int_\Omega |\nabla n_\varepsilon|^2\,\mathrm{d}x + \frac{1}{2}\int_\Omega n_\varepsilon^2|\nabla c_\varepsilon|^2\,\mathrm{d}x
\end{aligned} \tag{7.4.69}$$

为了估计不等号右端的第 2 项，根据 Hölder（霍德尔）不等式、式（7.4.64）～式（7.4.66）和 Young（杨）不等式可得到，对任意 $t>T_1$，$\varepsilon\in(0,1)$，有

$$\begin{aligned}
&\frac{1}{2}\int_\Omega n_\varepsilon^2|\nabla c_\varepsilon|^2\,\mathrm{d}x \\
&\leqslant \frac{1}{2}\|n_\varepsilon\|_{L^4(\Omega)}^2\|\nabla c_\varepsilon\|_{L^4(\Omega)}^2 \\
&\leqslant \frac{C_2C_3}{2}(\|\nabla n_\varepsilon\|_{L^2(\Omega)}\|n_\varepsilon\|_{L^2(\Omega)} + \|n_\varepsilon\|_{L^2(\Omega)}^2)\cdot\|\Delta c_\varepsilon\|_{L^2(\Omega)}\|\nabla c_\varepsilon\|_{L^2(\Omega)} \\
&\leqslant \frac{C_2C_3}{2}\|\nabla n_\varepsilon\|_{L^2(\Omega)}\|n_\varepsilon\|_{L^2(\Omega)}\|\Delta c_\varepsilon\|_{L^2(\Omega)} + \frac{C_2C_3}{2}\|n_\varepsilon\|_{L^2(\Omega)}^2\|\Delta c_\varepsilon\|_{L^2(\Omega)} \\
&\leqslant \frac{1}{2}\int_\Omega|\nabla n_\varepsilon|^2\,\mathrm{d}x + \frac{C_2^2C_3^2}{8}(\int_\Omega|\Delta c_\varepsilon|^2\,\mathrm{d}x)\cdot\int_\Omega n_\varepsilon^2\mathrm{d}x + \frac{C_2C_3}{2}(\int_\Omega|\Delta c_\varepsilon|^2\mathrm{d}x)^{\frac{1}{2}}\cdot\int_\Omega n_\varepsilon^2\mathrm{d}x \\
&\leqslant \frac{1}{2}\int_\Omega|\nabla n_\varepsilon|^2\,\mathrm{d}x + \frac{C_2^2C_3^2}{4}(\int_\Omega|\Delta c_\varepsilon|^2\,\mathrm{d}x)\cdot\int_\Omega n_\varepsilon^2\mathrm{d}x + \frac{1}{2}\int_\Omega n_\varepsilon^2\mathrm{d}x
\end{aligned}$$

因此，从式（7.4.69）可知，对任意 $t>T_1$，$\varepsilon\in(0,1)$，有

$$\frac{\mathrm{d}}{\mathrm{d}t}\int_\Omega n_\varepsilon^2\mathrm{d}x \leqslant \left(\frac{C_2^2C_3^2}{2}\int_\Omega|\Delta c_\varepsilon|^2\,\mathrm{d}x + 1\right)\cdot\int_\Omega n_\varepsilon^2\mathrm{d}x$$

关于时间变量积分，结合式（7.4.67）和式（7.4.68），以及 $t_1-t_0\leqslant 1$，有

$$\int_\Omega n_\varepsilon^2(\cdot,t_1)\mathrm{d}x \leqslant \int_\Omega n_\varepsilon^2(\cdot,t_0)\mathrm{d}x\exp\left[\frac{C_2^2C_3^2}{2}\int_{t_0}^{t_1}\int_\Omega|\Delta c_\varepsilon|^2\,\mathrm{d}x\mathrm{d}t + (t_1-t_0)\right] \leqslant C_5\,\mathrm{e}^{\frac{C_2^2C_3^2C_4}{2}+1} \tag{7.4.70}$$

因为$t_1 > T_1 + 1$是任意的，不妨取$T' := T_1 + 1$，$C' := C_5 \mathrm{e}^{\frac{C_2^2 C_3^2 C_4}{2}+1}$，所以可得到式（7.4.61）。

根据 Gagliardo-Nirenberg（加利亚尔多–尼伦伯格）不等式和 Stokes（斯托克斯）算子的性质，可知存在常数$C_6 > 0$，使得

$$\|\varphi\|_{L^\infty(\Omega)}^2 \leqslant C_6 \|A\varphi\|_{L^2(\Omega)} \|\varphi\|_{L^2(\Omega)}, \quad \varphi \in W^{2,2}(\Omega) \cap W_{0,\sigma}^{1,2}(\Omega) \tag{7.4.71}$$

由引理 7.4.4 和式（7.4.61），可知存在常数$C_7 > 0$，$T_2 = T_2(n_0, c_0, w_0, u_0) > 0$，使得对任意$t > T_2$，当$\varepsilon \in (0,1)$时有

$$\int_\Omega |u_\varepsilon|^2 \, \mathrm{d}x \leqslant 1 \tag{7.4.72}$$

$$\int_{T_1}^\infty \int_\Omega |\nabla u_\varepsilon|^2 \, \mathrm{d}x\mathrm{d}t \leqslant C_7 \tag{7.4.73}$$

以及

$$\int_\Omega n_\varepsilon^2 \mathrm{d}x \leqslant C_7 \tag{7.4.74}$$

任取一个$t_2 > T_2 + 1$，对任意$\varepsilon \in (0,1)$，取$t_0 = t_0(n_0, c_0, w_0, u_0, \varepsilon) \in (t_2 - 1, t_2)$使得

$$\int_\Omega |\nabla u_\varepsilon(\cdot, t_0)|^2 \, \mathrm{d}x \leqslant C_7 \tag{7.4.75}$$

在正则化问题（7.3.1）的第 4 个方程两边同时作用投影算子$\mathcal{P}$，然后在得到的等式两边同乘以Au_ε，通过分部积分和 Young（杨）不等式可知，对任意$t > 0$，$\varepsilon \in (0,1)$，有

$$\begin{aligned}
&\frac{1}{2}\frac{\mathrm{d}}{\mathrm{d}t}\int_\Omega |\nabla u_\varepsilon|^2 \, \mathrm{d}x + \int_\Omega |Au_\varepsilon|^2 \, \mathrm{d}x \\
&= -\int_\Omega Au_\varepsilon \cdot \mathcal{P}((u_\varepsilon \cdot \nabla)u_\varepsilon)\mathrm{d}x + \int_\Omega Au_\varepsilon \cdot \mathcal{P}(n_\varepsilon \nabla \phi)\mathrm{d}x \\
&\leqslant \frac{1}{2}\int_\Omega |Au_\varepsilon|^2 \, \mathrm{d}x + \int_\Omega |\mathcal{P}((u_\varepsilon \cdot \nabla)u_\varepsilon)|^2 \, \mathrm{d}x + \int_\Omega |\mathcal{P}(n_\varepsilon \nabla \phi)|^2 \, \mathrm{d}x \\
&\leqslant \frac{1}{2}\int_\Omega |Au_\varepsilon|^2 \, \mathrm{d}x + \int_\Omega |(u_\varepsilon \cdot \nabla)u_\varepsilon|^2 \, \mathrm{d}x + \int_\Omega |n_\varepsilon \nabla \phi|^2 \, \mathrm{d}x
\end{aligned} \tag{7.4.76}$$

首先估计上述不等式右端的第 2 项。利用 Hölder（霍德尔）不等式、式（7.4.71）、式（7.4.72）和 Young（杨）不等式直接计算，对所有$t > T_2$，$\varepsilon \in (0,1)$，有

$$\begin{aligned}\int_\Omega |(u_\varepsilon\cdot\nabla)u_\varepsilon|^2\,\mathrm{d}x &\leqslant \|u_\varepsilon\|_{L^\infty(\Omega)}^2\|\nabla u_\varepsilon\|_{L^2(\Omega)}^2\\&\leqslant C_6\|Au_\varepsilon\|_{L^2(\Omega)}\|u_\varepsilon\|_{L^2(\Omega)}\|\nabla u_\varepsilon\|_{L^2(\Omega)}^2\\&\leqslant C_6\|Au_\varepsilon\|_{L^2(\Omega)}\|\nabla u_\varepsilon\|_{L^2(\Omega)}^2\\&\leqslant \frac{1}{2}\int_\Omega|Au_\varepsilon|^2\,\mathrm{d}x+\frac{C_6^2}{2}\cdot\left(\int_\Omega|\nabla u_\varepsilon|^2\,\mathrm{d}x\right)^2\end{aligned}\tag{7.4.77}$$

结合式（7.4.74），可得到不等式（7.4.76）右端的第 3 项估计

$$\int_\Omega|n_\varepsilon\nabla\phi|^2\,\mathrm{d}x\leqslant C_8:=C_7\|\nabla\phi\|_{L^\infty(\Omega)}^2,\quad t>T_2,\quad \varepsilon\in(0,1)\tag{7.4.78}$$

将式（7.4.77）和式（7.4.78）代入式（7.4.76）可以推出，对任意 $t>T_2$，$\varepsilon\in(0,1)$，有

$$\frac{\mathrm{d}}{\mathrm{d}t}\int_\Omega|\nabla u_\varepsilon|^2\,\mathrm{d}x\leqslant C_6^2\cdot\left(\int_\Omega|\nabla u_\varepsilon|^2\,\mathrm{d}x\right)^2+2C_8$$

进一步关于时间变量积分，结合式（7.4.73）、式（7.4.74）和 $t_2-t_0\leqslant 1$ 可得到

$$\begin{aligned}&\int_\Omega|\nabla u_\varepsilon(\cdot,t_2)|^2\,\mathrm{d}x\\&\leqslant\left(\int_\Omega|\nabla u_\varepsilon(\cdot,t_0)|^2\,\mathrm{d}x\right)\cdot\exp\left[C_6^2\int_{t_0}^{t_1}\int_\Omega|\nabla u_\varepsilon|^2\,\mathrm{d}x\mathrm{d}t\right]+2C_8\int_{t_0}^{t_1}\exp\left[C_6^2\int_s^{t_1}\int_\Omega|\nabla u_\varepsilon|^2\,\mathrm{d}x\mathrm{d}t\right]\mathrm{d}s\\&\leqslant C_7\cdot\mathrm{e}^{C_6^2C_7}+2C_8\cdot\mathrm{e}^{C_6^2C_7}\end{aligned}\tag{7.4.79}$$

由于 $t_i>T_i+1$（$i=1,2$）是任意的，不妨令 $T=\max\{T_i+1,i=1,2\}$，$C=\max\{C_5\cdot\mathrm{e}^{\frac{C_2^2C_3^2C_4}{2}+1},C_7\cdot\mathrm{e}^{C_5^2C_7}+2C_8\cdot\mathrm{e}^{C_6^2C_7}\}$，综合式（7.4.70）和式（7.4.79）可知引理成立。 □

引理 7.4.6　设 $\beta\in\left(\frac{1}{2},1\right)$, $m_1\in(0,8\pi)$ 是由引理 7.4.3 所给出的常数。如果初值条件（7.2.3）成立且 $\int_\Omega n_0\mathrm{d}x<m_1$，则存在 $C(\beta)>0$，$T=T(n_0,c_0,w_0,u_0)>0$，使得当 $t>T$ 时，有

$$\int_\Omega\left|A^\beta u_\varepsilon(\cdot,t)\right|^2\mathrm{d}x\leqslant C(\beta)$$

证明　给定 $\beta\in\left(\frac{1}{2},1\right)$，取适当大小的 $p\in(1,2)$ 使得 $\beta+\frac{1}{p}-\frac{1}{2}<1$，利用 Stokes（斯托克斯）半群 $\{\mathrm{e}^{-tA}\}_{t\geqslant 0}$ 的光滑性、连续性和 Helmholtz（赫尔姆霍兹）投影算子 $\mathcal{P}$ 的性质，可以找到 $C_1>0$，$C_2>0$，使得对任意 $t>1$，$\varepsilon\in(0,1)$，有

$$
\begin{aligned}
&\left\|A^{\beta}u_{\varepsilon}(\cdot,t)\right\|_{L^2(\Omega)}\\
&=\left\|A^{\beta}\,\mathrm{e}^{-A}\,u_{\varepsilon}(\cdot,t-1)-\int_{t-1}^{t}A^{\beta}\,\mathrm{e}^{-(t-s)A}\,\mathcal{P}((u_{\varepsilon}(\cdot,s)\cdot\nabla)u_{\varepsilon}(\cdot,s))\mathrm{d}s+\right.\\
&\quad\left.\int_{t-1}^{t}A^{\beta}\,\mathrm{e}^{-(t-s)A}\,\mathcal{P}(n_{\varepsilon}(\cdot,s)\nabla\phi)\mathrm{d}s\right\|_{L^2(\Omega)}\\
&\leqslant C_1\left\|u_{\varepsilon}(\cdot,t-1)\right\|_{L^2(\Omega)}+C_1\int_{t-1}^{t}(t-s)^{-\beta-\frac{1}{p}+\frac{1}{2}}\left\|\mathcal{P}((u_{\varepsilon}(\cdot,s)\cdot\nabla)u_{\varepsilon}(\cdot,s))\right\|_{L^p(\Omega)}\mathrm{d}s+\\
&\quad C_1\int_{t-1}^{t}(t-s)^{-\beta}\left\|n_{\varepsilon}(\cdot,s)\nabla\phi\right\|_{L^2(\Omega)}\mathrm{d}s\\
&\leqslant C_1\left\|u_{\varepsilon}(\cdot,t-1)\right\|_{L^2(\Omega)}+C_2\int_{t-1}^{t}(t-s)^{-\beta-\frac{1}{p}+\frac{1}{2}}\left\|(u_{\varepsilon}(\cdot,s)\cdot\nabla)u_{\varepsilon}(\cdot,s)\right\|_{L^p(\Omega)}\mathrm{d}s+\\
&\quad C_1\int_{t-1}^{t}(t-s)^{-\beta}\left\|n_{\varepsilon}(\cdot,s)\nabla\phi\right\|_{L^2(\Omega)}\mathrm{d}s\\
&\leqslant C_1\left\|u_{\varepsilon}(\cdot,t-1)\right\|_{L^2(\Omega)}+C_2\int_{t-1}^{t}(t-s)^{-\beta-\frac{1}{p}+\frac{1}{2}}\left\|u_{\varepsilon}(\cdot,s)\right\|_{L^{\frac{2p}{2-p}}(\Omega)}\left\|\nabla u_{\varepsilon}(\cdot,s)\right\|_{L^2(\Omega)}\mathrm{d}s+\\
&\quad C_1\left\|\nabla\phi\right\|_{L^{\infty}(\Omega)}\int_{t-1}^{t}(t-s)^{-\beta}\left\|n_{\varepsilon}(\cdot,s)\right\|_{L^2(\Omega)}\mathrm{d}s
\end{aligned}
$$

因为当 $-\beta-\dfrac{1}{p}+\dfrac{1}{2}>-1$ 时，$W^{1,2}(\Omega)$ 嵌入 $L^{\frac{2p}{2-p}}(\Omega)$，结合引理 7.4.3～引理 7.4.5 的结论即可知引理成立。 □

接下来将根据 u_{ε} 的正则性，估计 $w_{\varepsilon},c_{\varepsilon},n_{\varepsilon}$ 的一致有界性。

引理 7.4.7 设 $q\in(2,\infty)$、$m_1\in(0,8\pi)$ 是由引理 7.4.4 所给出的常数。如果初值 (n_0,c_0,w_0,u_0) 满足条件式（7.2.3）且 $\int_{\Omega}n_0\mathrm{d}x<m_1$，则可以找到常数 $T=T(n_0,c_0,w_0,u_0)>0$，$C(q)>0$，使得对任意 $\varepsilon\in(0,1)$，当 $t>T$ 时有

$$\int_{\Omega}\left|\nabla w_{\varepsilon}(\cdot,t)\right|^{q}\mathrm{d}x<C(q)$$

和

$$\int_{\Omega}\left|\nabla c_{\varepsilon}(\cdot,t)\right|^{q}\mathrm{d}x<C(q) \tag{7.4.80}$$

证明 对于 $q\in(2,\infty)$，根据 Neumann（诺依曼）热半群 $\{\mathrm{e}^{t\Delta}\}_{t\geqslant0}$ 的光滑性和 Hölder（霍德尔）不等式，可知存在 $C_1>0$，使得对任意 $\varepsilon\in(0,1)$，当 $t>1$ 时，有

$$
\begin{aligned}
&\left\|\nabla w_{\varepsilon}(\cdot,t-1)\right\|_{L^q(\Omega)}\\
&=\left\|\nabla\mathrm{e}^{\Delta-1}w_{\varepsilon}(\cdot,t)+\int_{t-1}^{t}\nabla\mathrm{e}^{(t-s)(\Delta-1)}[n_{\varepsilon}(\cdot s)-u_{\varepsilon}(\cdot,s)\nabla w_{\varepsilon}(\cdot,s)]\mathrm{d}s\right\|_{L^q(\Omega)}
\end{aligned}
$$

$$\leqslant C_1\|w_\varepsilon(\cdot,t-1)\|_{L^1(\Omega)}+C_1\int_{t-1}^t(t-s)^{-1+\frac{1}{q}}[\|n_\varepsilon(\cdot,s)\|_{L^2(\Omega)}+\|u_\varepsilon(\cdot,s)\|_{L^\infty(\Omega)}\|\nabla w_\varepsilon(\cdot,s)\|_{L^2(\Omega)}]\mathrm{d}s$$

根据 $D(A^\beta)$ 嵌入 $L^\infty(\Omega)$，结合引理 7.4.6 可知存在 $C_2>0$，$T_1=T_1(n_0, c_0,w_0,u_0)>0$，对任意 $t>T_1$，有

$$\|u_\varepsilon(\cdot,t)\|_{L^\infty(\Omega)}\leqslant\|A^\beta u_\varepsilon(\cdot,t)\|_{L^2(\Omega)}\leqslant C_2$$

由引理 7.4.4 得

$$\int_\Omega|\nabla w_\varepsilon|^2\mathrm{d}x\leqslant 1,\quad t>T_1,\quad \varepsilon\in(0,1)$$

则从式（7.4.61）和式（7.3.3）可知，对于充分大的 $T=T(n_0,c_0,w_0, u_0)>T_1+1$，有式（7.4.65）成立。

用和上面相同的方法可以得到存在 $C_3>0$，$C_4>0$，对任意 $\varepsilon\in(0,1)$，当 $t>1$ 时，有

$$\begin{aligned}&\|\nabla c_\varepsilon(\cdot,t-1)\|_{L^q(\Omega)}\\&\leqslant C_3\|c_\varepsilon(\cdot,t-1)\|_{L^1(\Omega)}+C_3\int_{t-1}^t(t-s)^{-1+\frac{1}{q}}[\|w_\varepsilon(\cdot,s)\|_{L^2(\Omega)}+\|u_\varepsilon(\cdot,s)\|_{L^\infty(\Omega)}\|\nabla c_\varepsilon(\cdot,s)\|_{L^2(\Omega)}]\mathrm{d}s\\&\leqslant C_4+C_3\int_{t-1}^t(t-s)^{-1+\frac{1}{q}}[C_5+\|u_\varepsilon(\cdot,s)\|_{L^\infty(\Omega)}\|\nabla c_\varepsilon(\cdot,s)\|_{L^2(\Omega)}]\mathrm{d}s\end{aligned}$$

其中最后一个不等式利用了 Poincaré（庞加莱）不等式

$$\|w_\varepsilon(\cdot,t)\|_{L^2(\Omega)}\leqslant C_5\|\nabla w_\varepsilon(\cdot,t)\|_{L^2(\Omega)}\leqslant C_5$$

再根据 $D(A^\beta)$ 嵌入 $L^\infty(\Omega)$、引理 7.4.3 和引理 7.4.6 可以证得式（7.4.80）。

□

引理 7.4.8 如果 $m_1\in(0,8\pi)$，初值条件式（7.2.3）成立且 $\int_\Omega n_0\mathrm{d}x<m_1$，则存在常数 $C>0$，$T=T(n_0,c_0,w_0,u_0)>0$，使得对任意 $t>T$，$\varepsilon\in(0,1)$，有

$$\|n_\varepsilon(\cdot,t)\|_{L^\infty(\Omega)}\leqslant C$$

证明 将正则化问题（7.3.1）的第 1 个方程的左右两边同时乘以 n_ε^3，然后关于空间变量分部积分，有

$$\frac{1}{4}\frac{\mathrm{d}}{\mathrm{d}t}\int_\Omega n_\varepsilon^4\mathrm{d}x+\frac{3}{4}\int_\Omega|\nabla n_\varepsilon^2|^2\mathrm{d}x=\frac{3}{2}\int_\Omega\frac{n_\varepsilon^2}{1+\varepsilon n_\varepsilon}\nabla n_\varepsilon^2\cdot\nabla c_\varepsilon\mathrm{d}x\tag{7.4.81}$$

先后对式（7.4.81）的等号右端项应用 Young（杨）不等式、Hölder（霍德

尔）不等式、Gagliardo-Nirenberg（加利亚尔多–尼伦伯格）不等式和质量守恒性质，可以找到$C_i>0$（$i=1,2,3$），使得

$$\begin{aligned}
&\frac{3}{2}\int_\Omega \frac{n_\varepsilon^2}{1+\varepsilon n_\varepsilon}\nabla n_\varepsilon^2\cdot\nabla c_\varepsilon \mathrm{d}x\\
&\leqslant \frac{3}{8}\int_\Omega \left|\nabla n_\varepsilon^2\right|^2\mathrm{d}x+\frac{3}{2}\int_\Omega n_\varepsilon^4\left|\nabla c_\varepsilon\right|^2\mathrm{d}x\\
&\leqslant \frac{3}{8}\int_\Omega \left|\nabla n_\varepsilon^2\right|^2\mathrm{d}x+\frac{3}{2}\left\|\nabla c_\varepsilon\right\|_{L^4(\Omega)}^2\left\|n_\varepsilon^2\right\|_{L^4(\Omega)}^2\\
&\leqslant \frac{3}{8}\int_\Omega \left|\nabla n_\varepsilon^2\right|^2\mathrm{d}x+C_1\left\|\nabla c_\varepsilon\right\|_{L^4(\Omega)}^2\cdot\left(\left\|\nabla n_\varepsilon^2\right\|_{L^2(\Omega)}^2\left\|n_\varepsilon^2\right\|_{L^{\frac{1}{2}}(\Omega)}^{\frac{2}{7}}+\left\|n_\varepsilon^2\right\|_{L^{\frac{1}{2}}(\Omega)}^{\frac{16}{7}}\right)^{\frac{7}{8}}\\
&\leqslant \frac{3}{8}\int_\Omega \left|\nabla n_\varepsilon^2\right|^2\mathrm{d}x+C_2\left\|\nabla c_\varepsilon\right\|_{L^4(\Omega)}^2\cdot\left(\left\|\nabla n_\varepsilon^2\right\|_{L^2(\Omega)}^2+1\right)^{\frac{7}{8}}\\
&\leqslant \frac{3}{8}\int_\Omega \left|\nabla n_\varepsilon^2\right|^2\mathrm{d}x+\frac{3}{8}\left(\left\|\nabla n_\varepsilon^2\right\|_{L^2(\Omega)}^2+1\right)+C_3\left\|\nabla c_\varepsilon\right\|_{L^4(\Omega)}^{16}
\end{aligned}$$

结合式（7.4.81）可知，对任意$\varepsilon\in(0,1)$，$t>0$，有

$$\frac{\mathrm{d}}{\mathrm{d}t}\int_\Omega n_\varepsilon^4\mathrm{d}x\leqslant\frac{3}{2}+4C_3\left\|\nabla c_\varepsilon\right\|_{L^4(\Omega)}^{16}\tag{7.4.82}$$

根据 Gagliardo-Nirenberg（加利亚尔多–尼伦伯格）不等式和质量守恒性质可知，对任意$\varepsilon\in(0,1)$，$t>0$，存在常数 $C_4>0$，$C_5>0$，使得

$$\begin{aligned}
\int_t^{t+1}\left\|n_\varepsilon\right\|_{L^4(\Omega)}^{\frac{4}{3}}\mathrm{d}s&=\int_t^{t+1}\left\|n_\varepsilon^{\frac{1}{2}}\right\|_{L^8(\Omega)}^{\frac{8}{3}}\mathrm{d}s\\
&\leqslant C_4\int_t^{t+1}\left\|\nabla n_\varepsilon^{\frac{1}{2}}\right\|_{L^2(\Omega)}^2\left\|n_\varepsilon^{\frac{1}{2}}\right\|_{L^2(\Omega)}^{\frac{2}{3}}\mathrm{d}s+C_4\int_t^{t+1}\left\|n_\varepsilon^{\frac{1}{2}}\right\|_{L^2(\Omega)}^{\frac{8}{3}}\mathrm{d}s\\
&\leqslant C_5\int_t^{t+1}\int_\Omega\frac{\left|\nabla n_\varepsilon\right|^2}{n_\varepsilon}\mathrm{d}x\mathrm{d}s+C_5
\end{aligned}$$

成立。根据引理 7.4.3 可知，存在常数$C_6>0$，$T_1=T_1(n_0,c_0,w_0,u_0)$，使得对任意$t>T_1$，$\varepsilon\in(0,1)$，有

$$\int_t^{t+1}\left\|n_\varepsilon\right\|_{L^4(\Omega)}^{\frac{4}{3}}\mathrm{d}s\leqslant C_6$$

对任意$t_1>T_1+1$，存在$t_0=t_0(n_0,c_0,w_0,u_0,\varepsilon)\in(t_1-1,t_1)$，使得

$$\int_\Omega n_\varepsilon^4(\cdot,t_0)\mathrm{d}x\leqslant C_6^3$$

因此对式（7.4.82）关于时间变量积分可得到

$$\int_\Omega n_\varepsilon^4(\cdot,t_1)\mathrm{d}x \leqslant C_6^3 + 4C_3 \sup_{t\in(t_1-1,t_1)} \|\nabla c_\varepsilon\|_{L^4(\Omega)}^{16}$$

根据引理 7.4.7 的结论，不妨取定其中的$q:=4$，则存在常数$C_7>0$和足够大的$T=T(n_0,c_0,w_0,u_0)>T_1+1$，有

$$\int_\Omega n_\varepsilon^4 \mathrm{d}x \leqslant C_7,\quad t>T,\quad \varepsilon\in(0,1) \tag{7.4.83}$$

下面令$q_1\in(2,4)$，根据 Neumann（诺依曼）热半群性质，可知存在常数$C_8>0$，使得对任意$t>1$，$\varepsilon\in(0,1)$，有

$$\begin{aligned}
&\|n_\varepsilon(\cdot,t)\|_{L^\infty(\Omega)}\\
&=\left\|\mathrm{e}^{\Delta}n_\varepsilon(\cdot,t-1)-\int_{t-1}^t \mathrm{e}^{(t-s)\Delta}\nabla\cdot\left[\frac{n_\varepsilon(\cdot,s)}{1+\varepsilon n_\varepsilon(\cdot s)}\nabla c_\varepsilon(\cdot,s)+n_\varepsilon(\cdot,s)u_\varepsilon(\cdot,s)\mathrm{d}s\right]\right\|_{L^\infty(\Omega)}\\
&\leqslant C_8\|n_\varepsilon(\cdot,t-1)\|_{L^1(\Omega)}+\\
&\quad C_8\int_{t-1}^t (t-s)^{-\frac{1}{2}-\frac{1}{q_1}}\left[\left\|\frac{n_\varepsilon(\cdot,s)}{1+\varepsilon n_\varepsilon(\cdot,s)}\nabla c_\varepsilon(\cdot,s)\right\|_{L^{q_1}(\Omega)}+\|n_\varepsilon(\cdot,s)u_\varepsilon(\cdot,s)\|_{L^{q_1}(\Omega)}\right]\mathrm{d}s\\
&\leqslant C_8\|n_\varepsilon(\cdot,t-1)\|_{L^1(\Omega)}+\\
&\quad C_8\int_{t-1}^t (t-s)^{-\frac{1}{2}-\frac{1}{q_1}}\|n_\varepsilon(\cdot,s)\|_{L^4(\Omega)}[\|\nabla c_\varepsilon(\cdot,s)\|_{L^{\frac{4q_1}{4-q_1}}(\Omega)}+\|u_\varepsilon(\cdot,s)\|_{L^{\frac{4q_1}{4-q_1}}(\Omega)}]\mathrm{d}s
\end{aligned}$$

由于$W^{1,2}(\Omega)$嵌入$L^{\frac{4q_1}{4-q_1}}(\Omega)$，结合引理 7.4.5，存在常数$C_9>0$，$C_{10}>0$，使得

$$\|u_\varepsilon(\cdot,s)\|_{L^{\frac{4q_1}{4-q_1}}(\Omega)} \leqslant C_9\|\nabla u_\varepsilon(\cdot,s)\|_{L^2(\Omega)} \leqslant C_{10}$$

结合式（7.4.83）和引理 7.4.7 即可知引理成立。 □

在之前引理的基础上，下面直接给出两个推论。具体证明过程读者可参看文献[22]、[24]和[25]。

推论 7.4.1　存在$\theta\in(0,1)$，$C>0$，满足下列性质：如果$m_1\in(0,8\pi)$，初值条件（7.2.3）成立且$\int_\Omega n_0\mathrm{d}x<m_1$，则存在$T=T(n_0,c_0,w_0,u_0)>0$，对任意$t>T$，$\varepsilon\in(0,1)$，有

$$\|n_\varepsilon\|_{C^{2+\theta,1+\frac{\theta}{2}}(\bar\Omega\times[t,t+1])}+\|c_\varepsilon\|_{C^{2+\theta,1+\frac{\theta}{2}}(\bar\Omega\times[t,t+1])}+\|w_\varepsilon\|_{C^{2+\theta,1+\frac{\theta}{2}}(\bar\Omega\times[t,t+1])}+\|u_\varepsilon\|_{C^{2+\theta,1+\frac{\theta}{2}}(\bar\Omega\times[t,t+1])}\leqslant C$$

推论 7.4.2　设初值条件式（7.2.3）成立，$\int_\Omega n_0\mathrm{d}x<m_1$，$m_1\in(0,8\pi)$，则

存在 $T>0$ 和 $P\in C^{1,0}(\Omega\times(T,\infty))$，使得在命题 7.4.1 中得到的函数组 (n,c,w,u) 在 $\Omega\times(T,\infty)$ 上是方程组（7.2.1）的经典解。

下面开始讨论整体广义解的稳定性。

引理 7.4.9　设初值条件式（7.2.3）成立，$m_1\in(0,8\pi)$，$\int_\Omega n_0\mathrm{d}x<m_1$，则函数组 (n,c,w,u) 满足如下收敛性：当 $t\to\infty$ 时，在 $C^2(\bar{\Omega})$ 中

$$n(\cdot,t)\to\bar{n}_0,\quad c(\cdot,t)\to\bar{n}_0,\quad w(\cdot,t)\to\bar{n}_0,\quad u(\cdot,t)\to 0$$

其中 $\bar{n}_0=\dfrac{1}{|\Omega|}\int_\Omega n_0\mathrm{d}x$。

证明 根据推论 7.4.1 和命题 7.4.1，利用 Arzela-Ascoli（阿尔泽拉–阿斯科利）定理可以找到 $T>0$，使得

$$\{n(\cdot,t)\}_{t>T},\{c(\cdot,t)\}_{t>T},\{w(\cdot,t)\}_{t>T},\{u(\cdot,t)\}_{t>T} \tag{7.4.84}$$

关于 $C^2(\bar{\Omega})$ 范数是相对紧的。应用 Cziszár-Kullback（齐萨–库尔巴克）不等式，存在常数 $C_1>0$，使得对任意 $t>0$，$\varepsilon\in(0,1)$，有

$$\|n_\varepsilon(\cdot,t)-\bar{n}_0\|_{L^1(\Omega)}\leqslant C_1\int_\Omega n_\varepsilon(\cdot,t)\ln\frac{n_\varepsilon(\cdot,t)}{\bar{n}_0}\mathrm{d}x$$

令 $\varepsilon=\varepsilon_j\searrow 0$，结合式（7.4.52）和式（7.4.55）的衰减性估计，当 $t\to\infty$ 时

$$\|n(\cdot,t)-\bar{n}_0\|_{L^1(\Omega)}\to 0 \tag{7.4.85}$$

$$\|u(\cdot,t)\|_{L^2(\Omega)}\to 0 \tag{7.4.86}$$

根据式（7.3.3）和式（7.3.4），当 $t\to\infty$ 时

$$\overline{w(\cdot,t)}\to\bar{n}_0,\quad \overline{c(\cdot,t)}\to\bar{n}_0$$

同时，根据 Poincaré（庞加莱）不等式，存在常数 $C_2>0$，使得

$$\int_\Omega\left|w(\cdot,t)-\overline{w(\cdot,t)}\right|^2\mathrm{d}x\leqslant C_2\int_\Omega|\nabla w(\cdot,t)|^2\mathrm{d}x,\quad t>T$$

和

$$\int_\Omega\left|c(\cdot,t)-\overline{c(\cdot,t)}\right|^2\mathrm{d}x\leqslant C_2\int_\Omega|\nabla c(\cdot,t)|^2\mathrm{d}x,\quad t>T$$

则由式（7.4.53）和式（7.4.54）可以推出当 $t\to\infty$ 时

$$\|c(\cdot,t)-\bar{n}_0\|_{L^2(\Omega)}\to 0 \tag{7.4.87}$$

$$\|w(\cdot,t)-\bar{n}_0\|_{L^2(\Omega)}\to 0 \tag{7.4.88}$$

综合式（7.4.84）～ 式（7.4.88）可知引理成立。

定理 7.4.2 设$\Omega\subset\mathbb{R}^2$是一个具有光滑边界的有界区域，式（7.2.2）和式（7.2.3）成立。若存在$m_1\in(0,8\pi)$满足

$$\int_\Omega n_0 \mathrm{d}x < m_1$$

则存在$T=T(n_0,c_0,w_0,u_0)>0$，使得在定理 7.4.1 中得到的函数组(n,c,w,u)在$\Omega\times(T,\infty)$上是初边值问题（7.2.1）的经典解，且满足

$$n\in C^{2,1}(\bar{\Omega}\times[T,\infty))$$

$$c\in C^{2,1}(\bar{\Omega}\times[T,\infty))$$

$$w\in C^{2,1}(\bar{\Omega}\times[T,\infty))$$

$$u\in C^{2,1}(\bar{\Omega}\times[T,\infty);\mathbb{R}^2)$$

且当$t\to\infty$时，在$C^2(\bar{\Omega})$中有

$$n(\cdot,t)\to\bar{n}_0,\quad c(\cdot,t)\to\bar{n}_0,\quad w(\cdot,t)\to\bar{n}_0,\quad u(\cdot,t)\to 0$$

其中$\bar{n}_0=\dfrac{1}{|\Omega|}\int_\Omega n_0\mathrm{d}x$。

证明 结合推论 7.4.2 和引理 7.4.9 可直接得到结论。 □

7.5 本章小结

近年来，研究趋化流体耦合模型是偏微分方程研究中的一个热点问题。本章主要讨论了具有间接信号产生机制的趋化流体耦合方程组的初边值问题的解的整体存在性和稳定性。证明了在二维有界区域中，当$\int_\Omega n_0\mathrm{d}x<8\pi$时，方程组的广义解整体存在；当$\int_\Omega n_0\mathrm{d}x$更小且时间足够长时，该解最终成为经典解，且得到的经典解是稳定的。这个结论优化了已有结论中初值$\int_\Omega n_0\mathrm{d}x<2\pi$的假设条件，同时受间接信号的影响，使用了一种更简洁的形式来定义广义解。这些结果都表明：间接信号产生机制在趋化流体耦合模型中更利于解的整体存在。

参考文献

[1] MIZUKAMI M, YOKOTA T. Global existence and asymptotic stability of solutions to a two-species chemotaxis system with any chemical diffusion[J]. Journal of Differential Equations, 2016, 261(5): 2650-2669.

[2] LI Y, LI Y X. Finite-time blow-up in higher dimensional fully-parabolic chemotaxis system for two species[J]. Nonlinear Analysis, Theory Methods Application, 2014, 109:72-84.

[3] ESPEJO E, STEVENTS A, VELÁZQUEZ J. Simultaneous finite time blow-up in a two-species model for chemotaxis[J]. Analysis, 2009, 29(3): 317-338.

[4] WANG L, MU C, HU X, et al. Boundedness and asymptotic stability of solutions to a two species chemotaxis system with consumption of chemoattractant[J]. Journal of Differential Equations, 2018, 264(5): 3369-3401.

[5] STINNER C, SURULESCU C, WINKLER M. Global weak solutions in a PDE-ODE system modeling multiscale cancer cell invasion[J]. SIAM Journal On Mathematical Analysis, 2014, 46(3): 1969-2007.

[6] JIN C. Boundedness and global solvability to a chemotaxis model with nonlinear diffusion[J]. Journal of Differential Equations, 2017, 263(9): 5759-5772.

[7] JIN C. Global classical solution and boundedness to a chemotaxis-haptotaxis model with re-establishment mechanisms[J]. Bulletin of the London Mathematical Society, 2018, 50(4): 598-618.

[8] SONG X C, ZHENG J S. A new result for global solvability and boundedness in the N-dimensional quasilinear chemotaxis model with logistic source and consumption of chemoattractant[J]. Journal of Mathematical Analysis and Applications, 2019, 475(1): 895-917.

[9] LANKEIT J, WANG Y L. Global existence, boundedness and stabilization in a high-dimensional chemotaxis system with consumption[J]. Discrete and Continuous Dynamical System, 2017, 37(12): 6099-6121.

[10] BAGHAEI K, KHELGHATI A. Global existence and boundedness of classical solutions for a chemotaxis model with consumption of chemoattractant and logistic source[J].